中职学校服装专业创新系列教材

张文斌　主审

服装款式、纸样与工艺
——男裤

谢国安　主编

东华大学 出版社
·上海·

图书在版编目（CIP）数据

服装款式、纸样与工艺. 男裤/谢国安主编. —上海：东华大学
出版社, 2020.2

ISBN 978-7-5669-1618-1

Ⅰ. ①服… Ⅱ. ①谢… Ⅲ. ①男服-裤子-款式设计-中等专业
学校-教材 ②男服-裤子-纸样设计-中等专业学校-教材 ③男服-裤子
-服装工艺-中等专业学校-教材 Ⅳ. ①TS941.2 ②TS941.6

中国版本图书馆CIP数据核字（2020）第019041号

责任编辑　　吴川灵

服装款式、纸样与工艺——男裤
FUZHUANG KUANSHI、ZHIYANG YU GONGYI——NANKU
谢国安　主编

出版：东华大学出版社(上海市延安西路1882号，200051)
本社网址：http://dhupress.dhu.edu.cn
天猫旗舰店：http://dhdx.tmall.com
营销中心：021-62193056　62373056　62379558
电子邮箱：805744969@qq.com
印刷：苏州望电印刷有限公司
开本：889 mm × 1194 mm　1 / 16
印张：13
字数：460千字
版次：2020年2月第1版
印次：2020年2月第1次
书号：ISBN 978-7-5669-1618-1
定价：58.00 元

主　编：谢国安

副主编：潘芳妹

主　审：张文斌

参　编：陆志红　陈静　陈宇娜　赵立　吴佳美

前 言

国家教育部发布的《国家职业教育改革实施方案》指出：改革开放以来，职业教育为我国经济社会发展提供了有力的人才和智力支撑，现代职业教育体系框架全面建成。随着我国进入新的发展阶段，产业升级和经济结构调整不断加快，各行各业对技术技能人才的需要越来越紧迫，职业教育重要地位和作用越来越凸显。因此要严把教学标准和毕业学生质量标准两个关口，将标准化建设作为统领职业教育发展的突破口，完善职业教育体系，建立健全学校设置、师资队伍、教学教材、信息化建设等办学标准，落实好立德树人根本任务，健全德技兼修、工学结合的育人机制。

群益中等职业学校经过三十多年的建设，在硬件和软件的建设上都有长足进步，达到国家规定标准，于 2015 年成为全国中职示范院校。我校服装专业已建立能力上具有"双师"资格、学历上大都具有本科及硕士研究生学历的教师队伍，办学上采取与长三角时装产业紧密合作，注意应用产业发展的新技术新方法，使教学密切与生产实际相结合，坚持"产校合作"的办学理念。专业招生规模及学生培养质量都位列上海首位，逐步实现立足上海、服务长三角、辐射边疆的办学方向。

为贯彻教育部关于职业教育的相关指示，展示富有成效的教学案例，我校服装专业组织优秀教师和受邀校外专家编写了这套具有实用性、时尚性、技术性等特点的中职学校服装专业系列教材。本套教材共有五本，分别为《服装款式设计》《服装陈列与展示》《服装款式、结构与工艺——男裤》《服装款式、结构与工艺——女衬衫》《服装面料设计》，由国内服装专业图书出版权威单位——东华大学出版社出版与发行。

本套教材有以下几个特点：

第一，具有创新性。相对于中职已有教材，本教材适应服装专业的教学改革需求，打破传统的款式、结构、工艺三者割裂的教材模式，将三者连贯起来，按服装品类将款式、结构、工艺相关的内容贯穿在同一本教材内，使得学生能更系统更深入地学习同一服装品类的相关专业知识。

第二，具有时尚性。相对于中职已有教材，本教材摒弃了现代服装产业已不用或少用的技术手法，款式设计思维及所举的案例都是紧贴市场、具有时尚感的部件造型及整体造型，使读者开卷感受到喜闻乐见的时代气息和设计的时尚感。

第三，具有实用性和理论性。本教材除了秉持中职教材必须首先强调实用性的同时，注意适当加强专业整体内容的理论性，即让学生既能学到产业中实用的设计与制作方法，又能学到贯穿于其中的理性的有逻辑联系的规律，使学生在今后的工作中有理论的上升空间。

本套丛书从形式到内容都是中职服装教材的一种创新。该书不仅可以作为中职院校服装专业学生的教学用书及老师的教学参考书，也可作为服装产业设计与技术人员的业务参考书。期待它能起到应有的作用。

本套丛书组织了本专业的相关责任教师进行编写工作。《服装款式设计》由蒋黎文主编，《服装陈列与展示》由方闻主编，《服装款式、结构与工艺——男西裤》由谢国安主编，《服装款式、结构与工艺——女衬衫》由吴佳美主编，《服装面料设计》由于珏主编。本套丛书由东华大学服装与艺术设计学院张文斌教授等主审，参加编审工作的还有东华大学服装与艺术设计学院李小辉副教授、常熟理工学院王佩国教授和郝瑞闵教授、厦门理工学院郑晶副教授和王士林副教授等。此外，对参与本书编辑出版工作的东华大学出版社吴川灵编审及相关人员表示衷心的感谢。

本套丛书的出版是我们的努力与尝试，意图抛砖引玉。由于我们学识有限，编撰难免有不当之处，诚请相关产业及院校同仁给予指教。

系列教材编委会

2019 年 8 月

目　录

学习活动一　男子体型特征与测量

1. 男子人体参数和测量获取

为了对人体体型特征有正确、客观的认识，除了作定性研究外，还必须把人体各部位的体型特征数字化，用精确的数据表示身体各部位的特征。在服装设计、纸样设计中，为了使人体着装更加合适，必须了解人体的比例、体型、构造和形态等信息，所以，对人体尺寸的测量是进行服装结构设计的前提。本节介绍人体的一维参数、二维的截面形态、三维的区域造型。

手工量体技术是男装定做和大规模定制的基本技术，也是服装结构设计的量体基础技术。

（1）人体测量的基本姿势与着装

通常，人体测量是在静态直立状态下进行的。静立时的姿势又称为立位正常姿势，指头部保持水平，背部自然伸展，双臂自然下垂，掌心朝向身体一侧，后脚跟并拢，脚尖自然分开的自然立位姿势。除立位姿势外，也可以根据需要采用其他姿势进行人体测量。

人体测量时，可根据测量目的选择不同的着装方式。如为获得人体本身的数据，通常选择裸体或近裸体的状态进行测量；如用于制作外衣的测量，可以在穿着内衣（T 恤、文胸或紧身衣）的状态下进行测量。

（2）测量基准点

由于人体具有复杂的形态，为获得准确的测量数值，必须在人体上确定正确的测量基准点和基准线，这是获得正确量体尺寸的前提。基准点和基准线应选择人体上明显、固定、易测，且不会因时间、生理变化而改变的部位，通常可选在骨骼的端点、突出点或肌肉的沟槽等部位。

常用测量基准点如图1-1所示。测量时，可以从中选择必要的点，也可根据需要设定新的计测点，对于新计测点需要给出明确的定义。

头顶点：头部保持水平时，头部中央最高点，是测量头高、身高的基准点。

眉间点：头部正中矢状面上眉毛之间的中心点，是测量头围的基准点。

后颈椎点（BNP）：第 7 颈椎突点。颈部向前弯曲时，该骨骼点会突显出来，是测量背长的基准点。

颈侧点（SNP）：颈部斜方肌的前端与肩交点处。从侧面观察，位于颈部中点稍微偏后的位置，是测量腰长、胸高的基准点。

前颈窝点（FNP）：连接左右锁骨的直线与正中矢状面的交点，是测量颈根围的基准点。

肩点（SP）：肩胛骨上部最向外的突出点。从侧面观察,位于上臂正中央与肩交界处，是测量肩宽、臂长的基准点。

前腋点：手臂自然下垂时，手臂与躯干部在腋前的交点，是测量胸宽的基准点。

后腋点：手臂自然下垂时，手臂与躯干部在腋后的交点，是测量背宽的基准点。

胸点（BP）：乳房的最高点，是测量胸围的基准点，也是服装结构中最重要的基准点之一。

肘点：尺骨上端外侧的突出点。当前臂弯曲时，该骨骼点会突显出来，是测量上臂长的基准点。

手腕点：尺骨下端外侧的突出点，是测量臂长的基准点。

肠棘点：骨盆髂嵴骨最外侧的突出点，即仰面躺下时可触摸到的骨盆最突出的点。

臀突点：臀部最突出的点，是测量臀围的基准点。

大转子点：股骨大转子最高的点，是人体侧部最宽的部位。

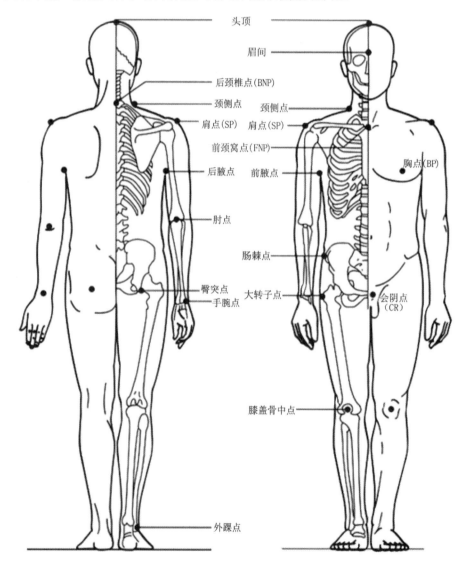

图1-1 测量基准点

膝盖骨中点：膝盖骨的中点，是测量膝长的基准点。

外踝点：腓骨外侧最下端的突出点。

会阴点（CR）：左、右坐骨结节最下点的连线与正中矢状面的交点，是测量股上长、股下长的基准点。

（3）测量基准线

常用的测量基准线如图1-2所示。测量基准线可以根据需要进行选择和设定。

颈根围线：经过后颈椎点（BNP）、颈侧点（SNP）和前颈窝点（FNP）一周的圆顺曲线。

臂根围线：经过肩点（SP）、前腋点和后腋点一周的圆顺曲线。

小肩线：连接颈侧点（SNP）与肩点（SP）的线。

胸围线（BL）：经过胸点（BP）一周的水平线。

腰围线（WL）：经过躯干最细部位一周的水平线。

臀围线（HL）：经过臀突点一周的水平线。

膝围线：经过膝盖骨中点一周的水平线。

脚踝围线：经过外踝点一周的水平线。

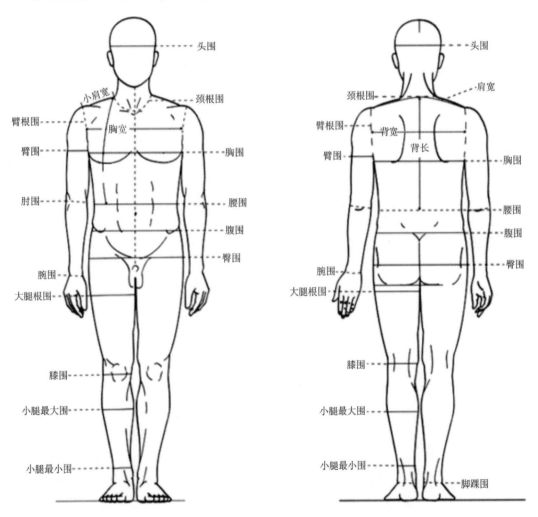

图1-2 测量基准线

（4）测量项目

常用的测量项目如图1-3所示，可根据测量目的选择适当的测量项目。

身高：从头顶点至地面的高度。

乳点高：从胸点（BP）至地面的高度。

腰高：从腰围线（WL）至地面的高度。

股下长：从会阴点（CR）至地面的高度。

股上长：从腰围线（WL）至会阴点（CR）的距离。

臀长：从腰围线（WL）至臀围线（HL）的距离。

膝长：从腰围线（WL）至膝盖骨中点的距离。

前腰长：从颈侧点（SNP）经过胸点（BP）量至腰围线（WL）的长度。

后腰长：从颈侧点（SNP）经过肩胛骨量至腰围线（WL）的长度。

乳点长：从颈侧点（SNP）量至胸点（BP）的长度。

背长：从后颈椎点（BNP）量至腰围线（WL）的长度。

臂长：从肩点（SP）量至手腕点的长度。

上臂长：从肩点（SP）量至肘点的长度。

胸围：经过胸点（BP）水平围量一周的长度。

下胸围：经过乳房下缘水平围量一周的长度。

腰围：经过躯干最细部位水平围量一周的长度。

臀围：经过臀突点水平围量一周的长度。

腹围：腰围与臀围中间位置水平围量一周的长度。

颈根围：经过颈侧点（SNP）、后颈椎点（BNP）、前颈窝点（FNP）围量一周的长度。

臂根围：经过肩点（SP）、前腋点、后腋点围量一周的长度。

臂围：上臂最粗部位水平围量一周的长度。

腕围：经过手腕点水平围量一周的长度。

大腿根围：大腿根部水平围量一周的长度。

上裆总弧长：从前腰围线经会阴点（CR）量至后腰围线的长度。

膝围：经过膝盖骨中点水平围量一周的长度。

小肩宽（颈幅）：从颈侧点（SNP）量至肩点（SP）的长度。

肩宽：从左肩点（SP）经过后颈椎点（BNP）量至右肩点（SP）的长度。

胸宽：左、右前腋点之间的距离。

乳间距：左、右乳点（BP）之间的距离。

背宽：左、右后腋点之间的距离。

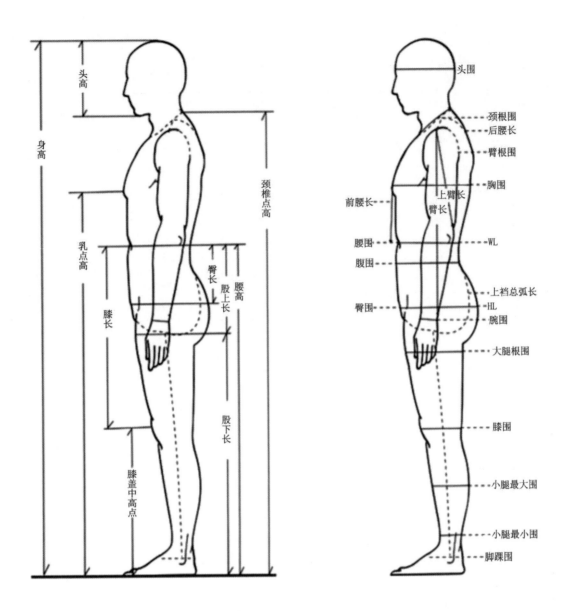

图 1-3 男子人体测量项目

2. 中国男子体型的差异与细部尺寸

由于中国幅员广阔，民族众多，男子体型东西南北区域差异极大，尤其是华北、东北地区与西南、华南地区的体型差异甚大，因而在讨论男子体型细部特征、研究品牌销售对象时，一定要了解各地区男子体型的共性与特殊性。以下各表是东华大学近年来开展的人体科学研究的数据和结论。由于全国范围内东西南北差异的主要对比区域为华北地区（北京、天津、河北、内蒙古等省市）、西南地区（四川、云南、贵州等省份）、华东地区（上海、江苏、浙江、安徽、江西等省市）三个区域，因此将相关省市的人体数据按此分类进行归并，以方便男装服装设计和品牌销售的应用。

（1）华北地区男子体型（表1-1）

表1-1　华北地区成年男子各年龄段中间体尺寸表　　　　　单位：cm

编号	部位	18～25岁	编号	部位	18～25岁
1	身高	173.0	15	臀围	94.0
2	下体高	107.0	16	大腿根围	52.5
3	臀围高	82.5	17	膝围	40.0
4	手臂长	58.5	18	臂根围	41.5
5	肘长	33.5	19	头围	59.0
6	背长	43.8	20	上臂围	27.5
7	前腰节长	44.0	21	腕围	18.0
8	后腰节长	45.0	22	总上裆围	71.0
9	上裆长	28.0	23	前胸宽	36.0
10	膝高	47.5	24	后背宽	37.0
11	颈围	38.5	25	肩宽	44.0
12	胸围	92.0	26	肩斜角	23.0°
13	腰围	80.0	27	臀沟角	7.0°
14	腹围	83.0	28	臀突角	22.0°

（2）西南地区男子体型（表1-2）

表1-2　西南地区成年男子各年龄段中间体尺寸表　　　　　单位：cm

编号	部位	18～25岁	编号	部位	18～25岁
1	身高	165.0	15	头围	57.5
2	下体高	98.0	16	臀围	89.0
3	臀围高	78.5	17	大腿根围	47.5
4	手臂长	56.5	18	膝围	35.5
5	肘长	31.5	19	臂根围	40.0
6	背长	41.3	20	上臂围	25.5
7	前腰节长	42.0	21	腕围	17.0
8	后腰节长	44.0	22	总上裆围	67.0
9	上裆长	27.0	23	前胸宽	34.5
10	膝高	44.0	24	后背宽	35.5
11	颈围	37.5	25	肩宽	42.0
12	胸围	87.0	26	肩斜角	24°
13	腰围	75.0	27	臀沟角	6.5°
14	腹围	80.0	28	臀突角	21°

（3）华东地区男子体型（表1-3）

表1-3　华东地区成年男子各年龄段中间体尺寸表　　　　　　单位：cm

编号	部位	18 ～ 25 岁	编号	部位	18 ～ 25 岁
1	身高	170.0	15	臀围	93.0
2	下体高	100.0	16	大腿根围	48.0
3	臀围高	82.5	17	头围	58.0
4	手臂长	56.0	18	膝围	35.5
5	肘长	32.5	19	臀根围	39.5
6	背长	42.3	20	上臂围	26.0
7	前腰节长	43.0	21	腕围	16.5
8	后腰节长	45.0	22	总上裆围	69.0
9	上裆长	27.0	23	前胸宽	35.0
10	膝高	46.0	24	后背宽	36.0
11	颈围	38.0	25	肩宽	43.5
12	胸围	90.0	26	肩斜角	23°
13	腰围	75.0	27	臀沟角	6.5°
14	腹围	78.0	28	臀突角	22°

（4）男子体型分类

男子体型分类的国家标准是以胸腰差作为体型组别分类的依据，其分类如表1-4所示。

表1-4　男子体型分类

体型组别	Y	A	B	C
胸腰差（cm）	17 ～ 22	12 ～16	7 ～ 11	12 ～16
体型组别	Y	A	B	C
胸腰差（cm）	17 ～ 22	12 ～16	7 ～11	2 ～ 6

根据近几年的男子人体研究和男装产业的新特征，如表1-5所示，将成年男子体型分成Y、A、B、C、D 五种体型，并对其年龄层、形态基本特征做了初步的描述。

表1-5 男子体型分类和描述

组别	胸腰差（cm）	形态基本特征
Y	17 ～ 22	年龄一般在18～25岁，胸腰差非常明显，躯干部分瘦且扁平，骨感明显，腰腹部十分平坦，肩点与臀宽的连线呈明显倒梯形，大腿结实且细长，体形轮廓线硬朗
A	12 ～ 16	年龄在25～35岁，胸腰差明显，躯干最宽点为肩点，肩点与臀宽点的连线呈倒梯形，全身肌肉圆润隆起，体形轮廓线转折分明 从侧面看，胸部挺起，腹部内收，胸腹连线内倾；从后身看，肩部结实，臀部肌肉紧张，背部与臀部连线垂直；从横侧面看，胸部至背部横径大于腹部至臀部横径，稍呈倒梯形
B	7 ～ 11	年龄在35～45岁，胸腰差变小，躯干最宽点仍为肩点，但是肩点与臀宽点的连线渐呈长方形，全身肌肉开始松弛，体形轮廓线趋向圆滑 从前身看，胸部挺起，腹部平坦，胸腹连线呈垂直并有外倾趋势；从后身看，肩背部结实，臀部肌肉圆润，背部与臀部连线垂直；从横侧面看，胸部至背部横径约等于腹部至臀部横径，呈长方形
C	2 ～ 6	年龄一般在45～55岁，胸腰差较小，躯干最宽点仍为肩点，但是肩点与臀宽点的连线已呈长方形，全身肌肉松弛，腰部肌肉增多，腰臀宽接近，体形轮廓线柔和 从前身看，胸部丰满，腹部隆起，脂肪堆积，胸腹连线明显外倾；从后身看，肩背部厚实，臀部圆润丰满，背部与臀部连线内倾；从横侧面看，胸部至背部横径小于腹部至臀部横径，呈梯形
D	2 以下	年龄一般在55岁以上，胸腰差很小甚至为负数，躯干最宽点仍为肩点，但是肩点与臀宽点的连线已呈长方形，全身肌肉松弛，腰腹部赘肉很多，腰臀宽一致，体形轮廓线柔和 从前身看，胸部丰满，腹部隆起大，脂肪堆积多，胸腹连线明显外倾；从后身看，肩背部厚实，臀部圆润丰满下垂，背部与臀部连线内倾；从横侧面看，胸部至背部横径小于腹部至臀部横径，呈明显梯形状

3. 男子人体体表特征参数

服装结构中宽松量和运动量的设计，主要是依据人体正常运动状态的尺度，正确了解人体运动的尺度是将服装使用功能与审美功能完美结合的成功设计的需要。

（1）男体静态体表特征

身体较宽，其最宽部位为2.8～3个头宽；

下颌较大，颈部粗且较短；

腰线较长，粗壮且不明显；

胸部肌肉平坦隆起如盆状；

背部肌肉发达，肩胛骨突出明显；

臂上部肌肉厚实，肩部显得宽阔；

臀部肌肉较扁平，骨盆呈内收状；

大腿粗壮，富肌肉少脂肪，整体体表曲线变化缓和，肌肉坚挺（图1-4）。

8

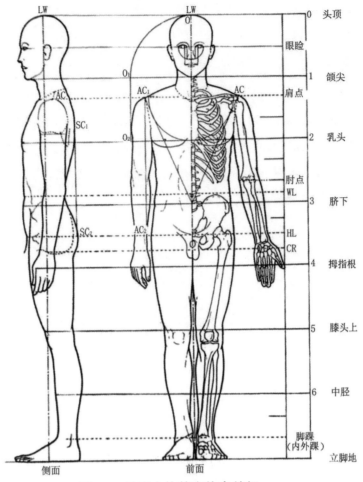

图1-4 男子人体静态体表特征

（2）男体动态特征参数

A. 肩关节的活动尺度

肩关节是人的躯干与手臂相连的关节，是活动量最大的关节（图1-5）。因此肩关节

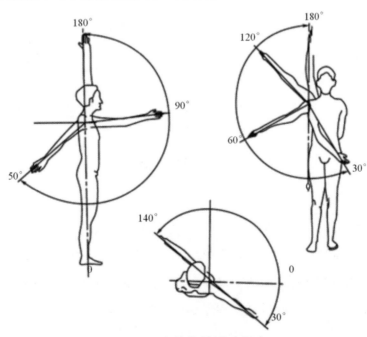

图 1-5 肩关节的活动尺度

所对应的服装部位在结构上应增加适当的松量。这主要指后衣片的袖窿及袖片部位要有手臂活动所需要的活动松量。

B. 髋关节和膝关节的活动尺度

髋关节的活动以大转子的活动范围为准，以向前运动为主，是下装臀部尺寸设计的动态依据。同时也要考虑双腿同时前屈 90°的坐姿，在下装臀部、档部的结构上给予适当的活动尺度（图1-6）。膝关节的活动是单方向的后屈动作，为了适应这种运动特点，一般在裤结构中的中档处都要留有余量（图1-7）。如果腿的活动幅度较大，就需要在横档和裤肥上增加活动松量，如武术裤。

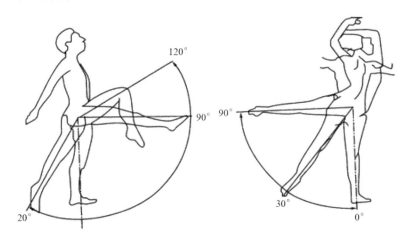

图 1-6 髋关节的活动尺度

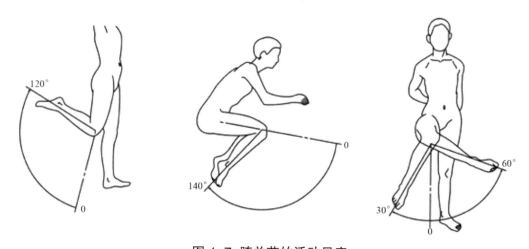

图 1-7 膝关节的活动尺度

C. 腰脊关节的活动尺度

腰脊关节的活动主要以腰部脊柱的弯曲来达到运动变形的，且人体的腰脊前屈幅度大于后屈幅度，侧屈幅度也不如前屈显著，而且前屈次数较多。因此在考虑运动机能的结构时，一般是在后衣身增加适度的活动松量，而前衣身则注意与之平衡美观，如裤装的后翘、上装后衣身下摆长于前衣身等都是基于这个因素（图1-8）。

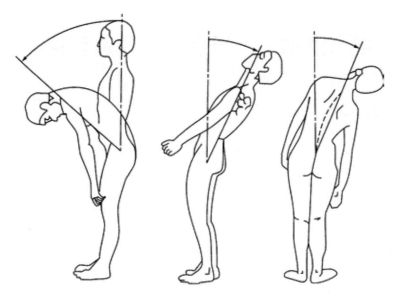

图 1-8 腰脊关节的活动尺度

D. 正常行走的活动尺度

正常行走包括步行和登高，通常男子标准步行的前后距离为65cm，此时膝围为82～109cm（图1-9）。

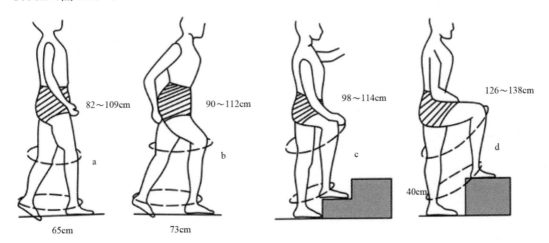

图 1-9 人体不同步行尺度的比较

学习活动二　男裤的款式造型特征

1.学习目标

● 能独立查阅相关资料，能分析各类男裤外形特征

● 能分析各类男裤的风格差异

2.学习准备

相关教材和男裤款式资料

3.男裤款式外型特征和风格

3.1　牛仔裤

　　牛仔裤属合体风格裤装（臀部松量≤6cm、上档等部位都非常合体）。其外型为，前裤身以挖袋居多，后裤身都进行横、斜形分割，装贴袋且带上缉装饰图案，风格轻松且年轻化。除下档缝及装腰外，所有的缝迹都为双线缝迹。这样的线缉有弹性，可与裤身的面料（一般为有弹性的材料）伸缩性相一致。

　　A. 牛仔长裤（图2-1～图2-14）

图2-1　牛仔长裤1　　　　　　　　　图2-2　牛仔长裤2

图2-3 牛仔长裤3　　　　　　　　　图2-4 牛仔长裤4

图2-5 牛仔长裤5　　　　　　　　　图2-6 牛仔长裤6

图2-7 牛仔长裤7　　　　　　　　图2-8 牛仔长裤8

图2-9 牛仔长裤9　　　　　　　　图2-10 牛仔长裤10

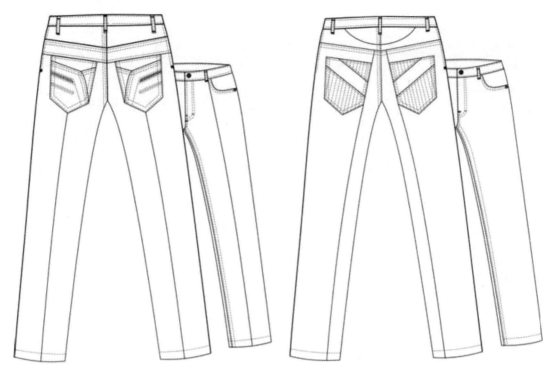

图2-11 牛仔长裤11   图2-12 牛仔长裤12

图2-13 牛仔长裤13   图2-14 牛仔长裤14

B. 牛仔短裤（图2-15～图2-21）

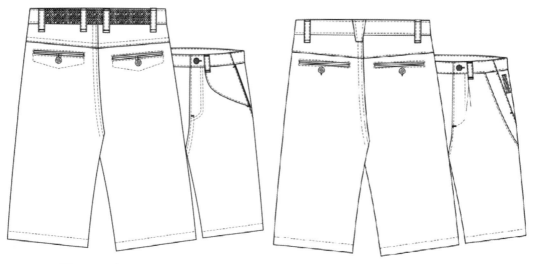

图2-15 牛仔短裤1　　　　　　　　　图2-16 牛仔短裤2

图2-17 牛仔短裤3　　　　　　　　　图2-18 牛仔短裤4

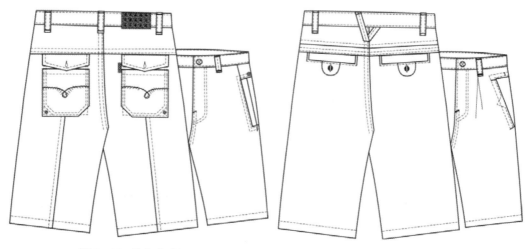

图2-19 牛仔短裤5　　　　　　　　　图2-20 牛仔短裤6

图2-21　牛仔短裤7

3.2　正装西裤（图2-22～图2-24）

正装西裤属较合体风格裤装，臀围松量为6～12cm，上裆深与人体之间已有少量松量。为了合体常需要在后裤身进行归拔工艺处理。其外型为，前身有折裥，后身有省道，前身为直袋或斜袋，后身为嵌线袋，熨烫成型后前后烫迹线清晰、直挺。面料以毛、化纤制品为主，主要配正装（西装、大衣等）上衣穿着。

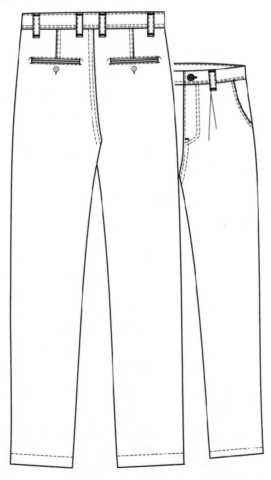

图2-22　正装西裤1

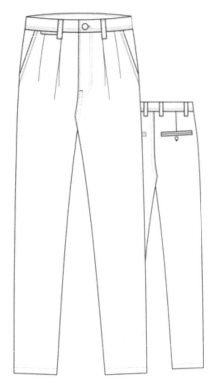

图2-23 正装西裤2

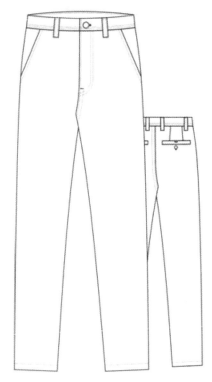

图2-24 正装西裤3

3.3 休闲西裤 (图2-25～图2-27)

休闲西裤属较合体与较宽松风格之间的裤装。臀围松量10～18cm，上裆深与人体间松量较正装西裤多，穿着时较随意、舒适。其外观常为前身无裥，后身有省，前斜开袋，后开袋或贴袋，风格较正装西裤轻松，配非正装上装穿用，多使用化纤、棉及毛混纺织物。

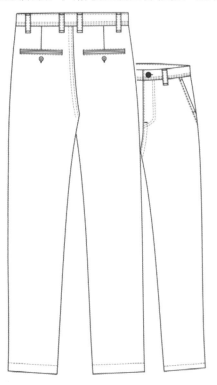

图2-25 休闲西裤1

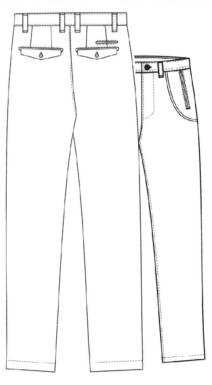

图2-26 休闲西裤2

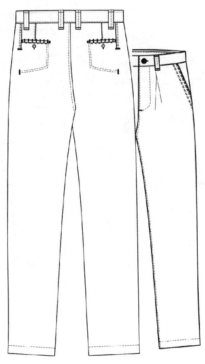

图2-27 休闲西裤3

3.4 工装裤（图2-28～图2-37）

工装裤属较宽松风格裤装。臀围松量12～18cm，上裆深与人体有较大松量。由于主要用于工作时穿用，故裤身分割较多，且运动时要有更舒适的活动量。前后裤身都安装较多口袋，特别是功能性强的立体袋。其材料一般用较厚实且耐磨损的化纤面料，根据工作性质还可选择具有防静电、绝缘、阻燃等功能的材料。

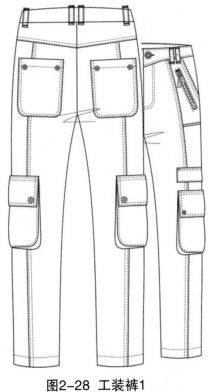

图2-28 工装裤1

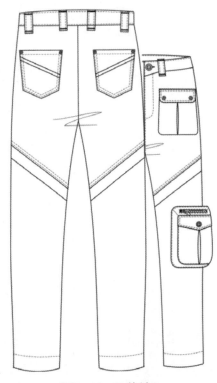

图2-29 工装裤2

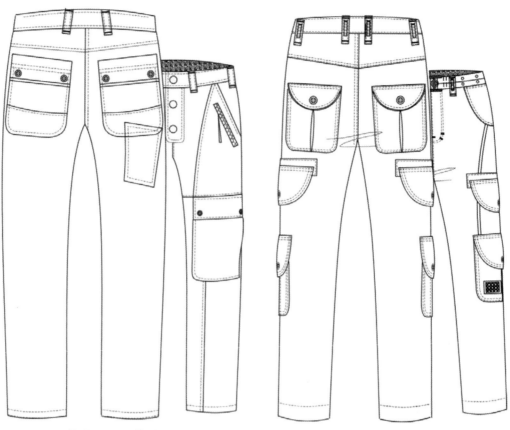

图2-30 工装裤3　　　　　　　图2-31 工装裤4

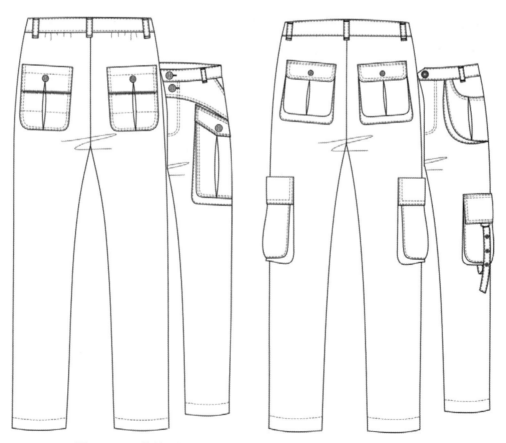

图2-32 工装裤5　　　　　　　图2-33 工装裤6

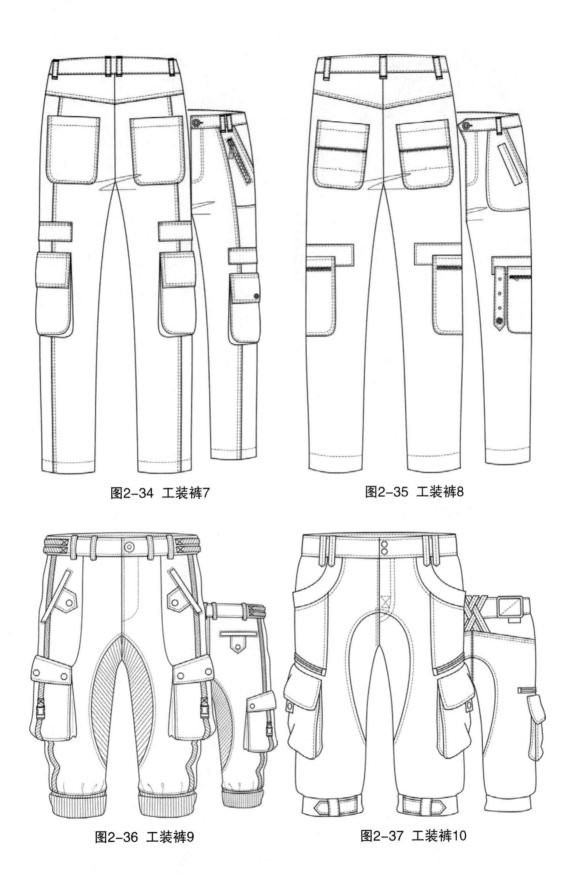

图2-34 工装裤7

图2-35 工装裤8

图2-36 工装裤9

图2-37 工装裤10

3.5 运动长裤（图2-38～图2-53）

运动长裤属较宽松风格裤装。臀部松量为12～18cm，上裆部亦有较多的松量。一般前后身都有纵向分割，腰部及脚口常装松紧带，以方便运动。其面料一般用具有一定弹性的针织类化纤及棉制品。穿着时非常随意、舒适。

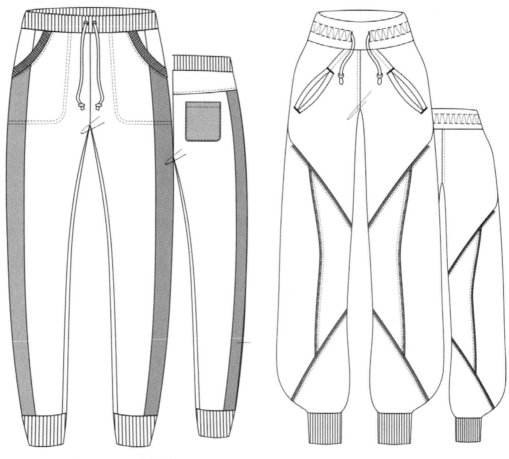

图2-38 运动长裤1　　　　　　　图2-39 运动长裤2

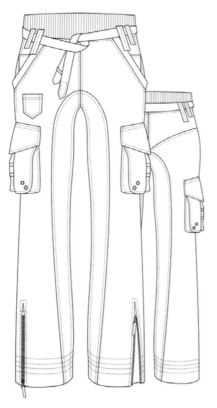
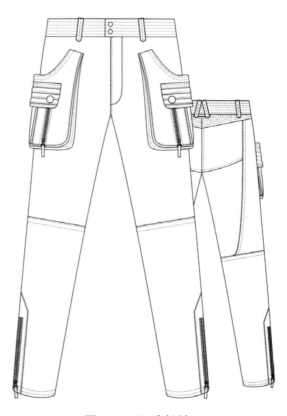

图2-40 运动长裤3　　　　　　　图2-41 运动长裤4

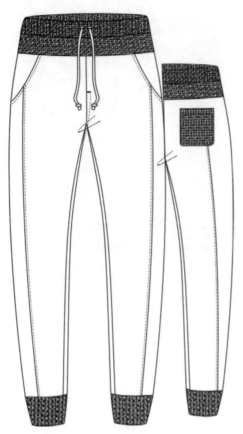

图2-42 运动长裤5

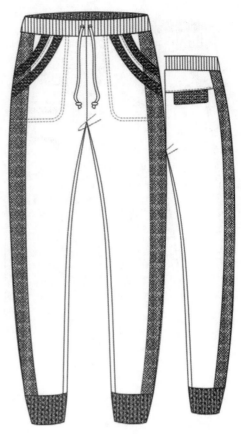

图2-43 运动长裤6

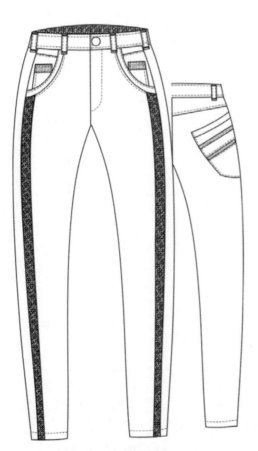

图2-44 运动长裤7

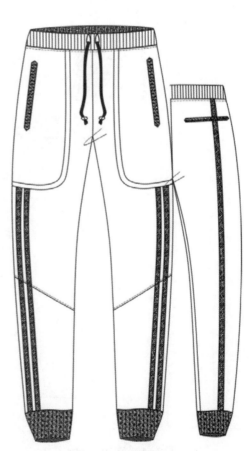

图2-45 运动长裤8

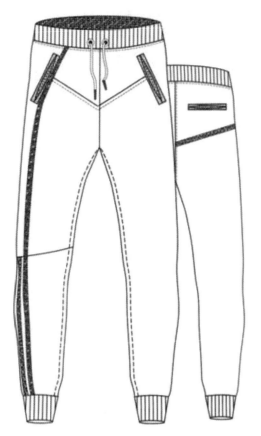

图2-46 运动长裤9

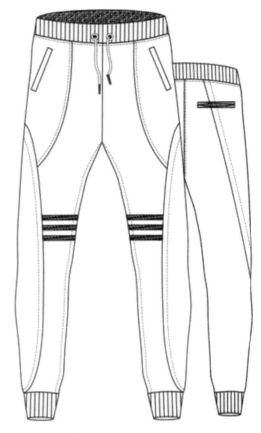

图2-47 运动长裤10

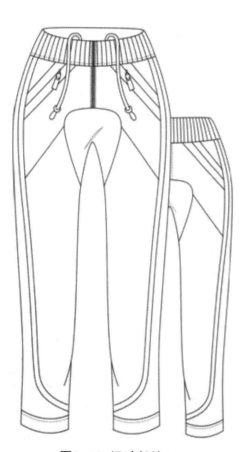

图2-48 运动长裤11

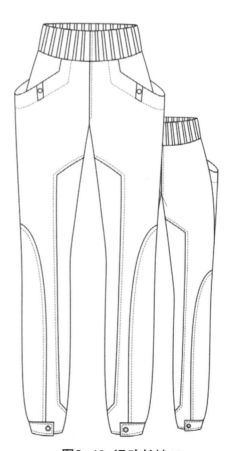

图2-49 运动长裤12

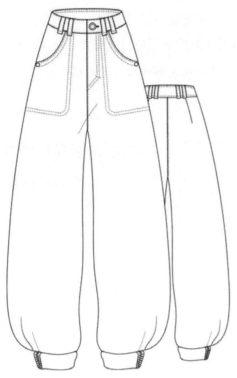

图2-50 运动长裤13

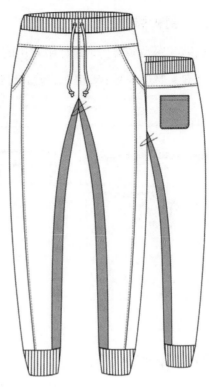

图2-51 运动长裤14

图2-52 运动长裤15

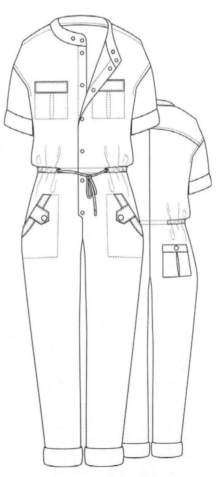

图2-53 运动长裤16

3.6 男裤腰部细节（图2-54）

下面款式图是多类裤装设计中常用的造型。裤腰部分的造型是裤装款式设计的要点，了解并掌握其要点，便于理解裤装款式设计的规律，从而抓住男裤款式设计的要点。

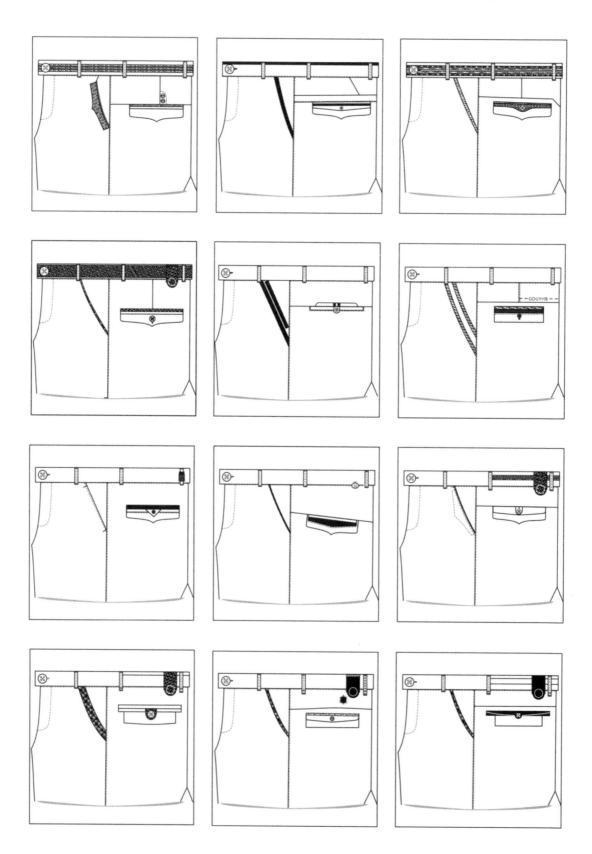

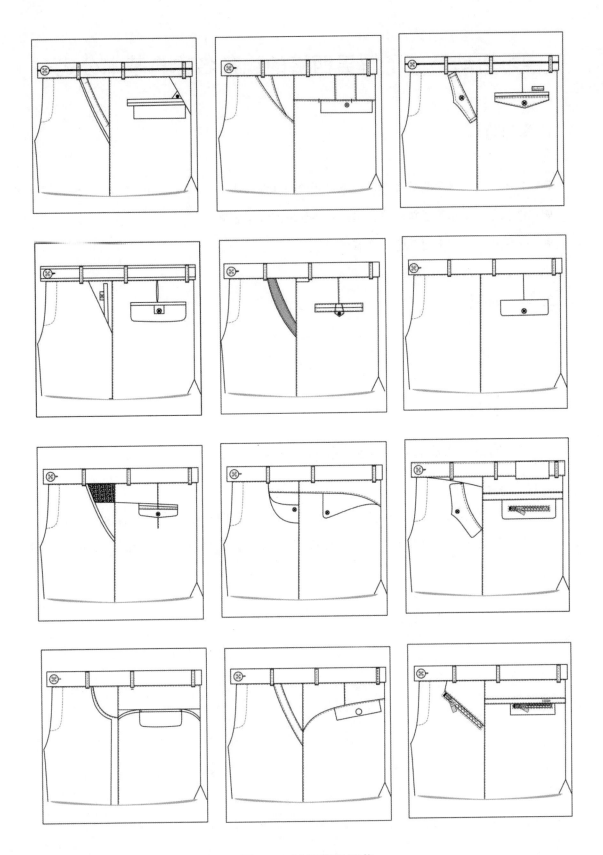

图2-54 裤子局部细节

27

学习活动三 了解男西裤的线条名称与基本公式

1. 学习目标

● 根据款式图或男西裤实物，熟悉男西裤的部件构成

● 能独立查阅相关资料，熟记男西裤各部位的线条名称

● 能记住男西裤主要部位的计算公式

2. 学习准备

男西裤实物、结构图示、教具、安全操作规程

3. 学习过程

3.1 写出男西裤的部件以及零部件的构成

（1）男西裤部件名称：前片 2片、后片 2片

（2）男西裤零部件名称：裤腰 2片、裤带襻 7根、后袋布 2片、后袋垫布 2片、后袋上下嵌线各 2 片、斜插袋布 2 片、斜插袋垫布 2 片、门襟 1 片、里襟 1 片

3.2 根据下面提供的结构图写出各部位的线条名称

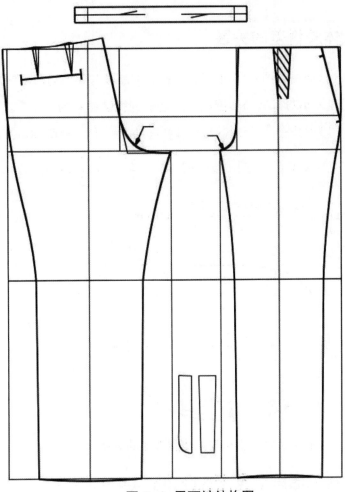

图 3-1 男西裤结构图

3.3 熟记男西裤主要部位，并将计算公式填入表内

表3-1 男西裤结构设计参考公式　　　　　单位：cm

部位	裤长线	前片腰围大	前片臀围大	前窿门宽	前片中裆大	前片脚口大	后片腰围大	后片臀围大	后窿门宽	后片中裆大	后片脚口大
计算公式	L-3	W/4-1+裥	H/4-1	0.04H	中裆-2	脚口-2	W/4+1+省	H/4+1	0.1H	中裆+2	脚口+2

学习活动四　裤装结构原理

1. 裤装省道与人体腰臀差的关系

　　人体腰围与臀围的截面图如图4-1中的虚线，裤装的腰围与臀围的截面图如图4-1中的实线，即裤装的臀围线大小与裤装的腰围线大小之差为裤装腰省的大小。从图中可以看出，侧缝腰省最小，前腰省其次，后腰省最大。以较合体裤为例，裤腰=82+2=84（cm）、裤臀围 = 94+10=104 （cm ）、则侧缝省量 = $\frac{104-92}{2}\times\frac{1}{5}=1.2$(cm)、前腰省 = $\frac{104-92}{2}\times\frac{1.5}{5}=1.8$(cm)、后腰省= $\frac{104-92}{2}\times\frac{2.5}{5}=3.0$(cm)。

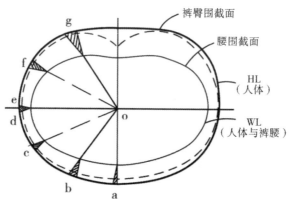

图 4-1 裤装省道与人体腰臀差的关系

2. 裤后裆缝角度与人体后中线垂直倾角的关系

　　男体的臀突角β，臀沟角α与裤装的结构，特别是与裤装的后上裆线倾角有密切的对应关系（图4-2）。男体的α≈6°、β≈16°，$\frac{\alpha+\beta}{2}\approx11°$，故相应的合体的裤装上裆线倾角为10°～12°。

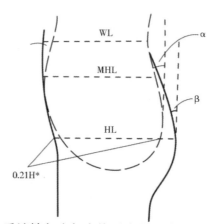

图 4-2 裤后裆缝角度与人体后中线垂直倾角的关系

3. 裤后上档角与人体运动的关系

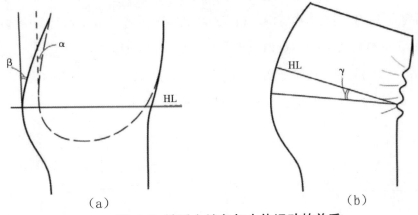

（a）　　　　　　　　　　　　（b）

图 4-3 裤后上档角与人体运动的关系

人体静态直立时，臀沟角 α≈7°，臀突角 β≈15°，这两个角的平均值则是裤装在一般直立状态下所需的角度，故一般西裤、休闲裤的后上档倾角为10°～12°，如图4-3（a）所示。当人体在作向前弯曲运动时，臀突角与臀沟角都会产生不同程度的增大，其增大角 γ 最大程度可达到12°左右。故牛仔裤的后上档倾角可达15°～17°（视材料拉伸性能而定），而骑马裤的后上档倾角则≥20°，如图4-3（b）所示。宽松风格和合体风格裤后上档角如图4-4、图4-5所示。

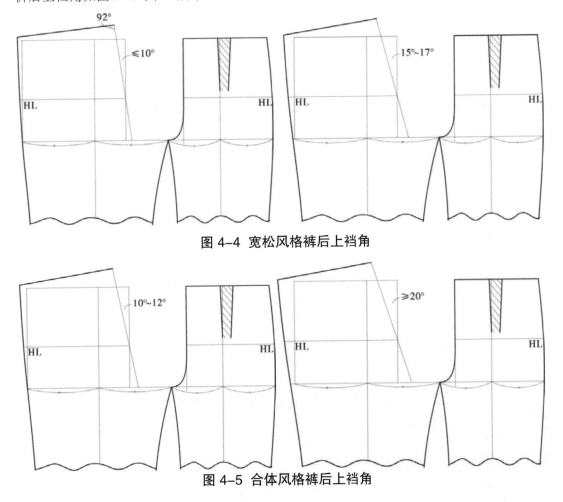

图 4-4 宽松风格裤后上档角

图 4-5 合体风格裤后上档角

4. 裤上裆宽与人体腹臀宽大小的关系

人体的腹臀宽=0.21H的人体净臀围，相应的裤装的上裆宽=人体的腹臀宽+裤装的上裆松量-上裆部位上的材料拉伸量=（0.21H+松量）×（1-材料拉伸率％）。对于正装西裤，上裆宽=0.14H；对于合体风格的牛仔裤，上裆宽=0.12～0.13H；对于较合体的休闲裤，上裆宽=0.14～0.15H；对于工装裤及运动裤，上裆宽=0.15～0.16H。

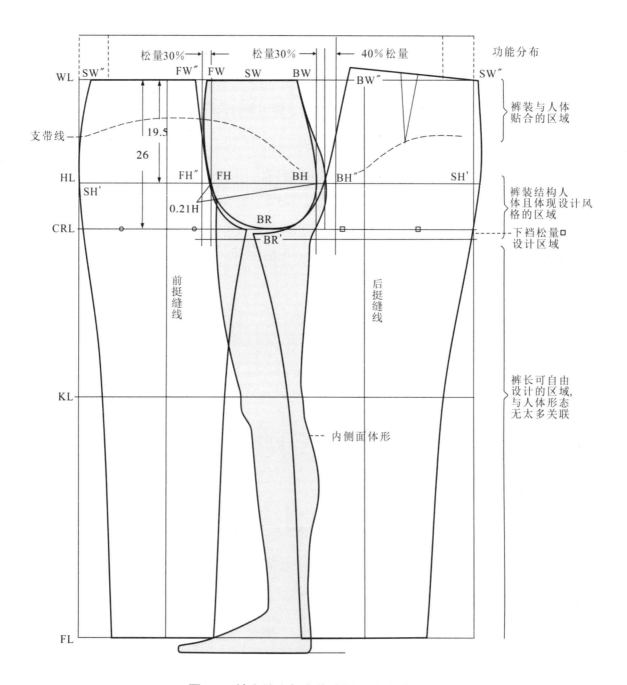

图 4-6 裤上裆宽与人体腹臀宽大小的关系

5.烫迹线位置与裤型的关系

　　基本裤装的烫迹线位置常定于前后横裆宽的1/2处。但基于上裆的运动舒适性及裤侧缝造型需趋于直线的设计需求，可将前后烫迹线特别是后烫迹线向侧缝方向移动，使得裤下裆缝的夹角γ增大。这样裤下裆缝合后，裤上裆宽就比基本裤型的量更大，即上裆宽的运动舒适性会提高。如果不想过分提高上裆宽的运动舒适性，也可将上裆宽值取小。

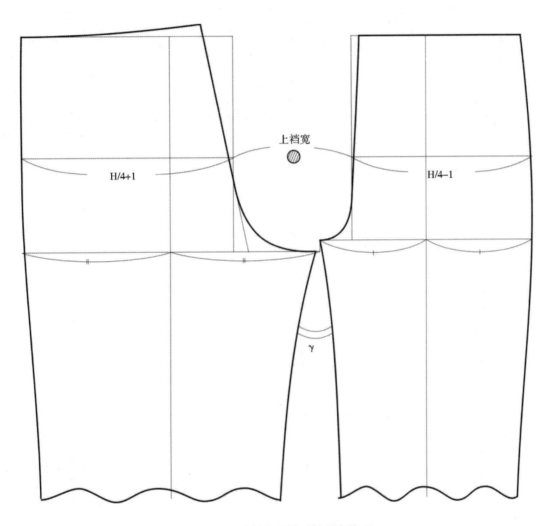

图 4-7 烫迹线位置与裤型的关系1

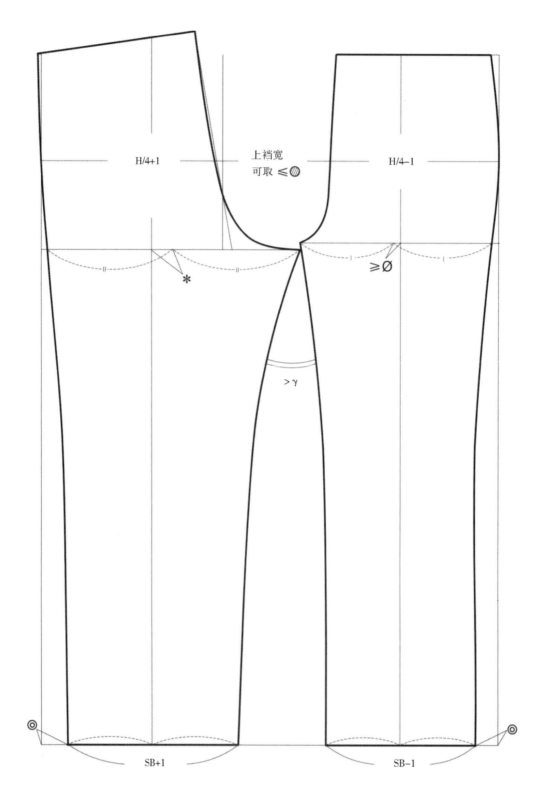

图 4-8 烫迹线位置与裤型的关系2

6.前后烫迹线偏移量的不同

除去上述原图外，烫迹线的偏移还和裤侧缝的造型有关，为了使偏移后前后裤侧缝的形状相同，故一般后烫迹线的偏移量要大于前烫迹线的偏移量，这样前后裤侧缝处的丝缕方向能够一致，保证缝制后侧缝不会产生斜丝。

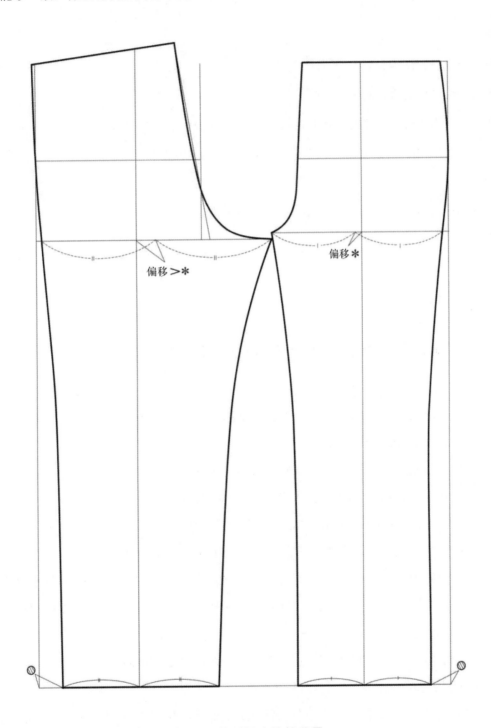

偏移＞*

偏移*

图 4-9 前后烫迹线偏移量

学习活动五　男西裤前后片结构制图

1. 学习目标

- 能熟记计算公式
- 能熟悉制图步骤
- 能绘制前后裤片的框架制图
- 能在男西裤框架图的基础上完成前后裤片的结构图
- 能在结构图上进行制图公式、制图符号、丝绺的规范标注

2. 学习准备

男西裤实物、框架图示、结构图示、制图工具、制图板、A4 纸、安全操作规程

3. 学习过程

3.1　教师介绍框架制图的步骤和主要公式

前后裤片框架制图步骤与公式：

（1）基本线（前侧缝直线）：沿竖向作出基础直线；

（2）上平线：与基础线垂直相交；

（3）下平线（裤长线）：取裤长规格减腰宽，由上平线量下；

（4）上档高线（横档线）：由上平线量下，取上档减腰宽；

（5）臀高线（臀围线）：取上档高的 1/3，由上档高线量上；

（6）中档线：按臀围线至下平线的 1/2 抬上 4cm，平行于上平线；

（7）前档直线：在臀高线上，以前侧缝直线为起点，取 H/4-1cm，平行于前侧缝直线；

（8）前档宽线：在上档高线上，以前档直线为起点，取 0.04Hcm宽，与前档缝直线平行；

（9）前烫迹线：按前横档大的 1/2 作平行于侧缝直线的直线；

（10）后侧缝直线：沿竖向作出基础直线；

（11）后档直线：在臀高线上，以后侧缝直线为起点，取 H/4+1cm宽度画线，平行于后侧缝直线；

（12）后档缝斜线：在上档直线上，以臀围线为起点，取值为10°作后档缝斜线；

（13）后档宽线：在上档高线上，以后档缝斜线为起点，取 0.1H；

（14）后烫迹线：在上裆高线上，取后侧缝直线至后裆宽线的 1/2，偏2cm作平行于后侧缝直线的直线。

3.2 根据测量的净体尺寸进行成衣规格设计，并填入表内

表 5-1 成衣规格设计尺寸表　　　　单位：cm

部位	裤长	腰围	臀围	上裆	中裆	脚口	腰宽
净体尺寸							
成衣规格（170/78A）							

学生在男西裤框架图内填写制图步骤序号、计算公式、相应的标注内容：

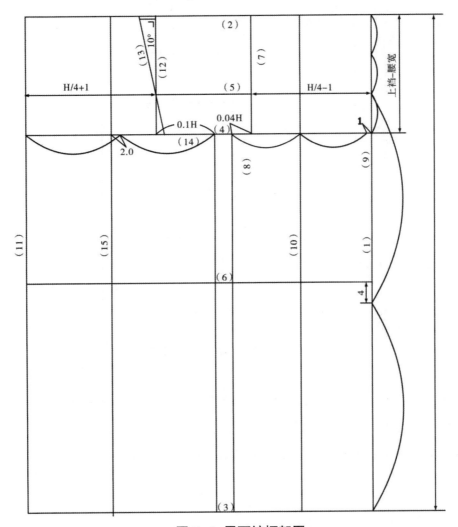

图 5-1 男西裤框架图

小组研究讨论男西裤框架制图的方法，并在 A4 纸上绘制男西裤框架结构图（制图比例：1：4）。

3.3 男西裤前片结构制图的步骤和主要公式

（1）前裆内劈线：以前裆直线为起点，偏进1cm；

（2）前腰围大：取W/4-1cm+褶（4cm）；

（3）前脚口大：按脚口大-2cm，以烫迹线为中心向两侧平分；

（4）前中裆大定位线：以前裆宽线两等分，取中点与脚口线相连；

（5）前中裆大：以前烫迹线为中点向两侧平分；

（6）前侧缝弧线：由上平线与前腰围大交点至脚口大点连接画顺；

（7）前下裆弧线：由前裆宽线与横裆线交点连接画顺；

（8）前裆弧线的作图方法如图5-2所示；

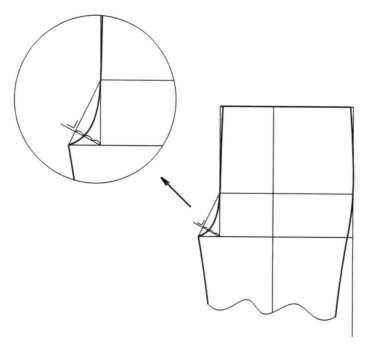

图 5-2 前裆弧线作图方法

（9）前脚口弧线：在烫迹线处偏进0.5cm，然后与脚口大点连接画顺；

（10）折褶：反褶，褶大4cm，以烫迹线为界向门襟方向偏0.7cm；

（11）侧缝斜袋位：上腰口斜进4cm，封口3cm，袋口大15.5cm。

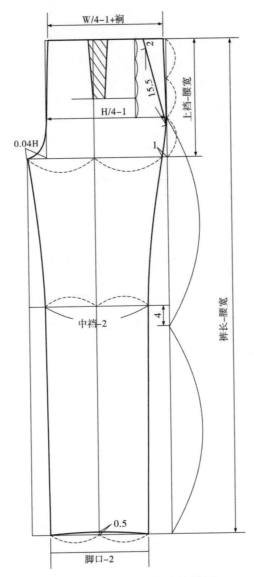

图 5-3 男西裤前片结构图

3.4 男西裤后片结构制图的步骤和主要公式

（1）后腰围大：按后侧缝直线偏出1cm定位，取W/4+1+省；

（2）后脚口大：按脚口大+2cm定位，以烫迹线为中心向两侧平分；

（3）后中档大：取前中档大的1/2+2cm为后中档大的1/2；

（4）后侧缝弧线：由上平线与后腰围大交点至脚口大点连接画顺；

（5）后下档弧线：由后档宽线与横档线交点至脚口大点连接画顺；

（6）落档线：按后下档线长减前下档线长（指中档以上段）之差，作平行于横档线的

直线；

（7）后腰缝线：见图5-4；

（8）后档缝弧线：见图5-4；

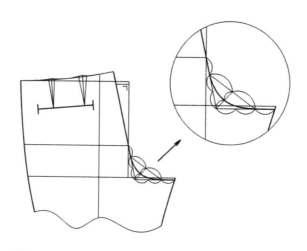

图 5-4 后腰缝线以及后裆缝弧线示意图

（9）后脚口弧线：在烫迹线处出0.5cm，然后与脚口大点连接画顺；

（10）后袋位：距离上腰口线7cm，在侧缝线处进0.04Hcm，袋口大0.1H+4cm；

（11）后省：袋口两边进2～2.5cm 画出省道。

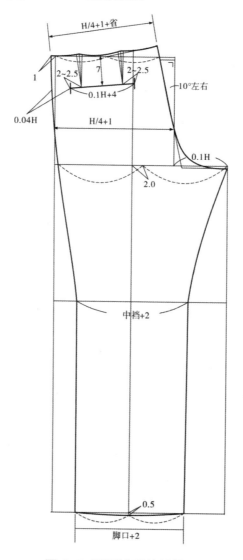

图 5-5 男西裤后片结构图

3.5 绘制男西裤结构图

小组研究讨论男西裤制图的步骤与方法，并在 A4纸上绘制男西裤结构图（比例1：4）。要求在结构图上进行制图公式、制图符号、丝缕的规范标注。

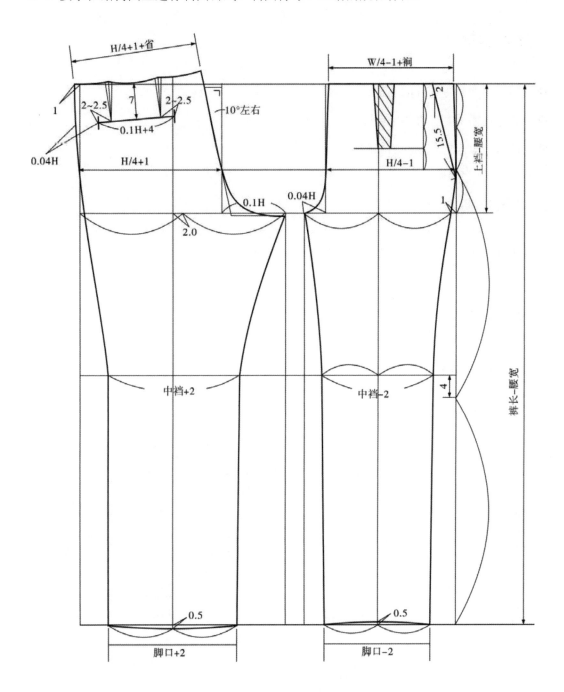

图 5-6 男西裤结构图

学习活动六　男西裤零部件结构制图

1. 学习目标

● 掌握男西裤零部件的名称
● 熟悉男西裤零部件的制图要领
● 能进行男西裤零部件的制图

2. 学习准备

男西裤零部件 1:1 制图实例、实物、制图工具、制图板、A4 纸

3. 学习过程

3.1　认识男西裤零部件

根据男西裤零部件图示，在例图下填写男西裤零部件名称。

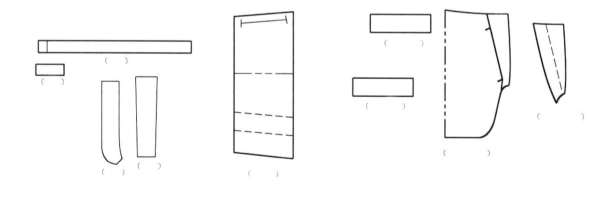

图 6-1 男西裤零部件

名称：裤腰、裤带襻、后袋布、后袋垫布、后袋上下嵌线、斜插袋布、斜插袋垫布、门襟、里襟

3.2 填写制图公式和尺寸数据

（1）裤腰净样：长W/2+里襟宽3cm，宽4cm；

（2）裤带襻毛样：长8cm，宽3cm；

（3）后袋布毛样：长42cm，宽20cm，后袋口大加5cm；

（4）后袋垫布毛样：袋口大加4cm，宽6cm；

（5）上嵌线毛样：袋口大加4cm，宽3cm；下嵌线毛样：袋口大加4cm，宽6cm；

（6）斜插袋布毛样：长34cm，宽18cm，具体作图方法见图6-3；

（7）斜插袋垫布毛样：具体作图方法见图6-3；

（8）门襟毛样：长根据前裆弧线长减4cm，宽5cm；

（9）里襟毛样：长根据门襟加1cm，上口宽4.3cm，下口宽4cm。

3.3 在A4纸上绘制男西裤零部件结构图（制图比例1∶4）

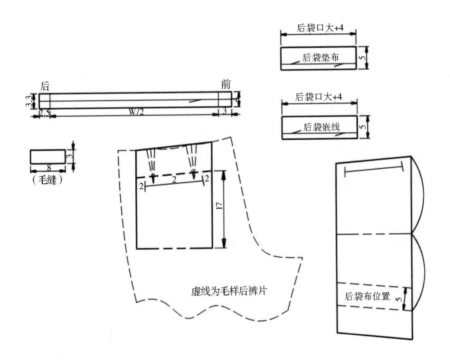

图 6-2 男西裤零部件制图示意图1

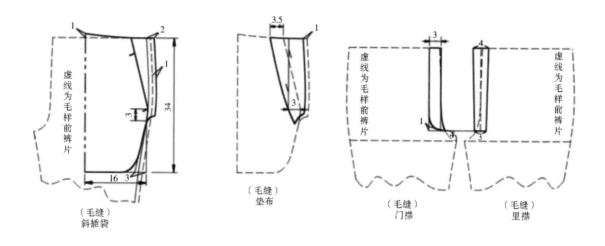

图 6-3 男西裤零部件制图示意图2

3.4 在男西裤零部件结构图上进行公式、制图符号、丝绺的规范标注

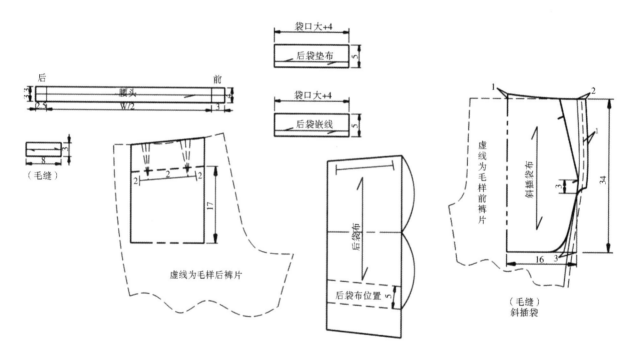

图 6-4 男西裤零部件结构图1

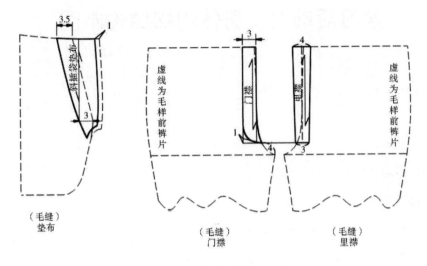

（毛缝）
垫布

（毛缝）
门襟

（毛缝）
里襟

图 6-5 男西裤零部件结构图2

学习活动七　男休闲裤结构制图

1. 学习目标

- 能独立查阅相关资料，描述休闲裤外形特征
- 能找出休闲裤与男西裤的不同点
- 能规范量体并进行松量加放
- 根据款式能进行170/78A的规格设计
- 能进行男休闲裤结构制图
- 学生制图作品展示评价（分析男休闲裤的外形，量体与规格设计）

2. 学习准备

相关查阅资料、制图工具、制图板、A4纸

3. 学习过程

3.1　查阅相关资料，绘画男休闲裤款式图的正、背视图

　　　　（男休闲裤款式图3个）

（1）男休闲裤的外形特征：

> 款式特征概述：
>
> 装腰头，裤襻 7 根，前裤片有横、纵向分割线，前裤袋为贴袋，后袋为贴袋，分割线、贴袋、侧缝、裆缝均缉单明线

（2）利用款式图和实物分析休闲裤与男西裤的不同点：

休闲裤：较宽松　　　分割线　　　插袋为贴袋　　　后袋为贴袋

男西裤：较合体　　　无分割　　　斜插袋或直袋　　　后袋为开袋

结论：• 制定规格时加放量比男西裤大

　　　• 休闲裤正面缉明线

　　　• 有开袋和贴袋之分

3.2　查阅相关资料，写出休闲裤测量要点

（1）裤长：人体侧髋骨处向上3cm左右为始点，顺直向下量至所需长度；

（2）腰围：在腰部最细处围量一周，裤腰围的放松量一般在2～3cm，松量加放大于西裤；

（3）臀围：在臀部最丰满处围量一周，臀围的放松量一般在8～10cm，松量加放大于西裤；

（4）上裆高：一般根据H/4来定，亦可因人而异；

（5）中裆：根据穿着习惯，因人而异；

（6）脚口：根据穿着习惯，因人而异。

3.3　根据测量的净体尺寸进行成衣规格设计，并填入表内

表 7-1 成衣规格设计尺寸表　　　　　单位：cm

部位	裤长	腰围	臀围	上裆	中裆	脚口	腰宽
净体尺寸							
成衣规格（170/78A）							

（1）小组研究讨论男休闲裤制图的方法，在A4纸上绘制结构图，并加以标注。

（制图比例1∶4）

（2）展示学生制图作品，评出优秀作品。

3.4 休闲裤结构制图

款式A

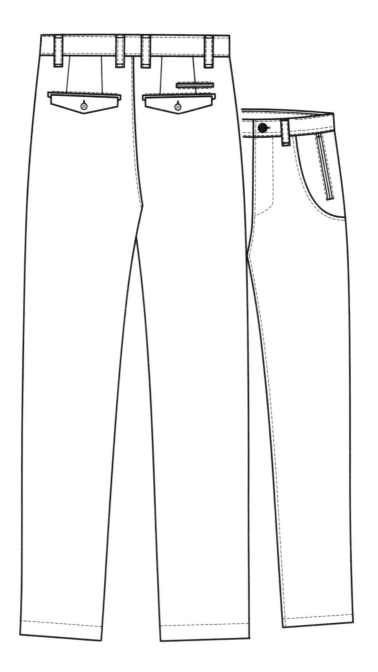

图 7-1 男休闲裤款式图

规格设计：   单位：cm

部位	裤长 （L）	上裆长 （BR）	腰围 （W）	臀围 （H）	脚口 （SB）	上裆宽
尺寸	102	27+3 （腰宽）	78+2	94+10	22	0.14H

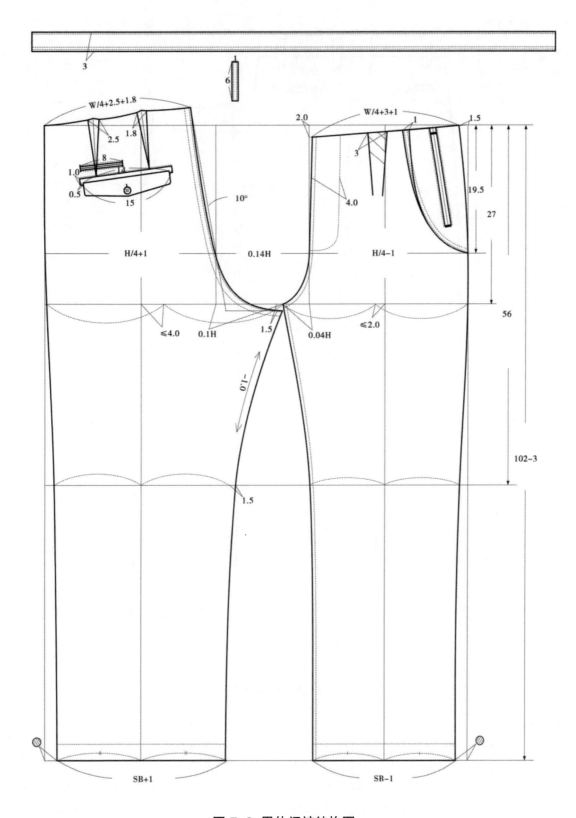

图 7-2 男休闲裤结构图

款式B

图 7-3 男休闲裤款式图

规格设计：   单位：cm

部位	裤长 （L）	上裆长 （BR）	腰围 （W）	臀围 （H）	脚口 （SB）	上裆宽
尺寸	102	28+3（腰宽）	78+2	94+10	22	0.145H

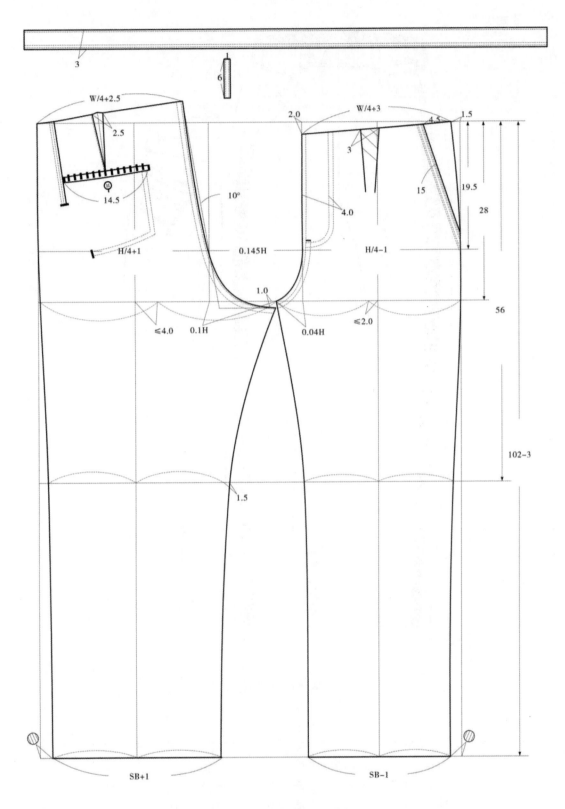

图 7-4 男休闲裤结构图

款式C

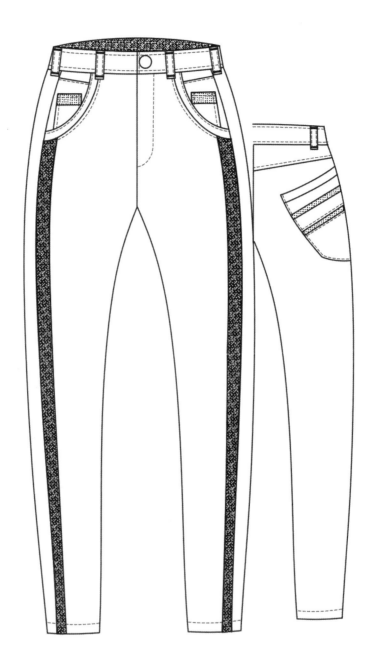

图 7-5 男休闲裤款式图

规格设计：   单位：cm

部位	裤长 （L）	上档长 （BR）	腰围 （W）	臀围 （H）	脚口 （SB）	上档宽
尺寸	100	27+3 （腰宽）	78+2	94+8	20	0.135H

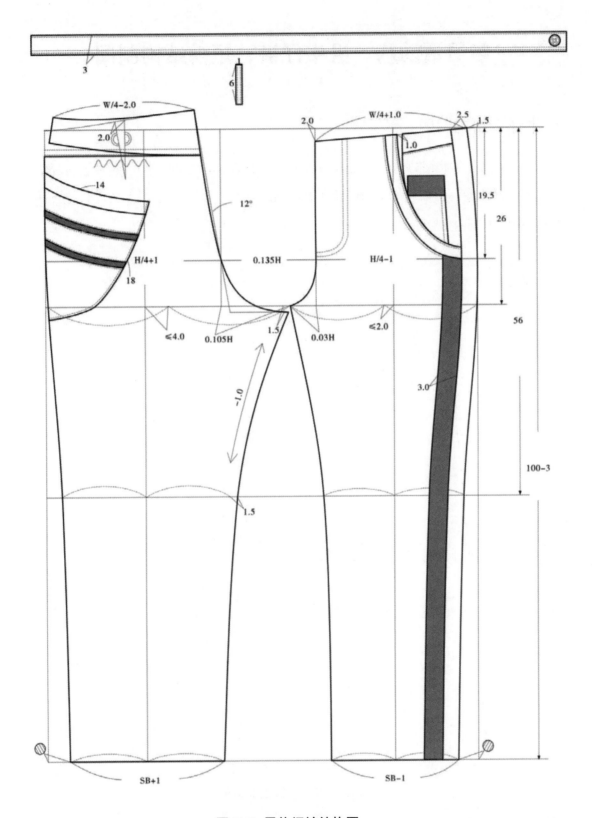

图 7-6 男休闲裤结构图

学习活动八 男牛仔裤、短裤结构制图

1.牛仔裤结构制图

牛仔裤属于合体风格裤型，其H=净H+≤4cm，上档宽=(0.12～0.13)H，裤的上档贴合人体上档，腰缝低于人体腰线4～5cm，后上档缝倾斜角为15°～17°，其款式及其对应的结构图如图8-1～图8-6。

款式A

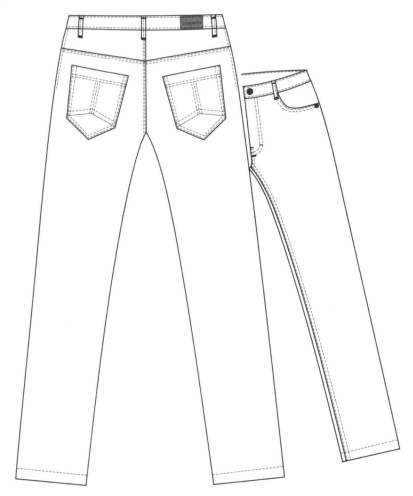

图8-1 男牛仔裤款式图A

规格设计：   单位：cm

部位	裤长 （L）	上档长 （BR）	腰围 （W）	臀围 （H）	脚口 （SB）	上档宽
尺寸	100	26-下落量（4～5）+3（腰宽）	78+6	94+1～3	20	0.125H

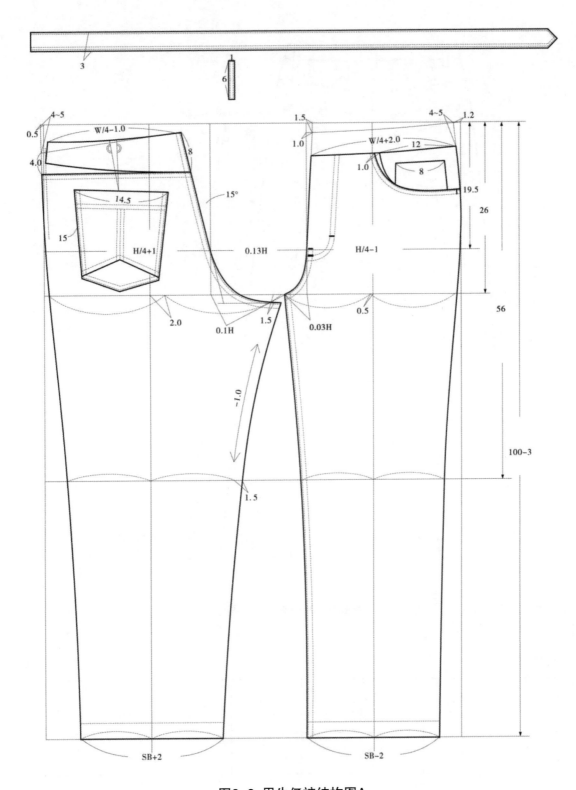

图8-2 男牛仔裤结构图A

55

款式B

撞色、明线装饰

图8-3 男牛仔裤款式图B

规格设计：   单位：cm

部位	裤长 （L）	上裆长 （BR）	腰围 （W）	臀围 （H）	脚口 （SB）	上裆宽
尺寸	100	26-下落量+3（腰宽）	78+6	94+3~5	20	0.13H

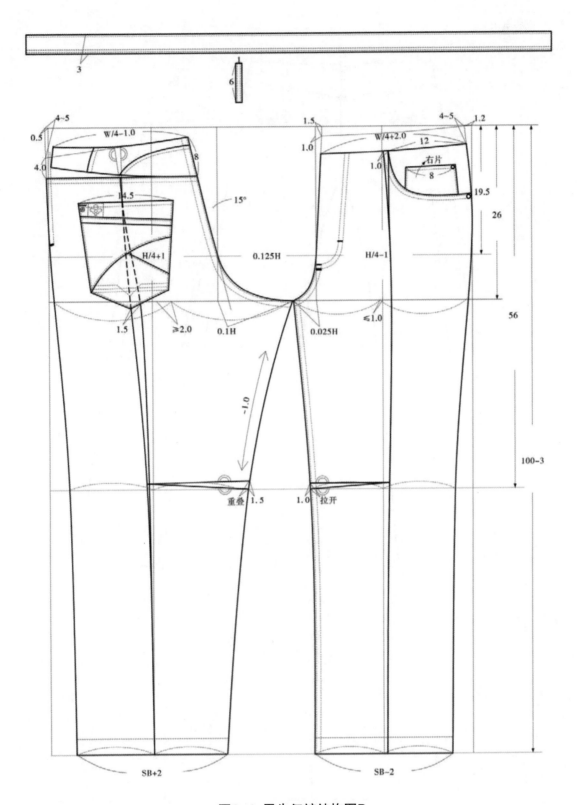

图8-4 男牛仔裤结构图B

款式C

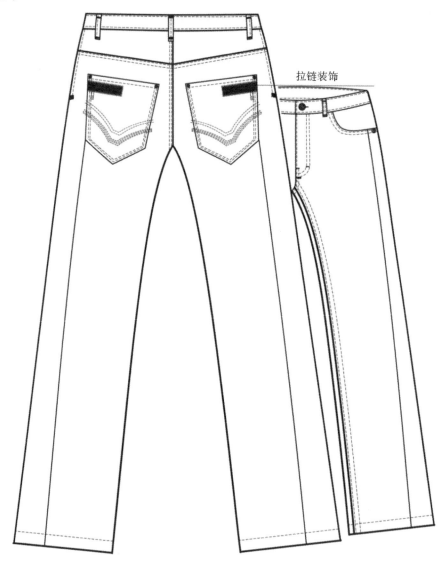

拉链装饰

图8-5 男牛仔裤款式图C

规格设计：   单位：cm

部位	裤长 （L）	上档长 （BR）	腰围 （W）	臀围 （H）	脚口 （SB）	上档宽
尺寸	104	26+3（腰宽）-下落量	78+6	94+1～3	30	0.125H

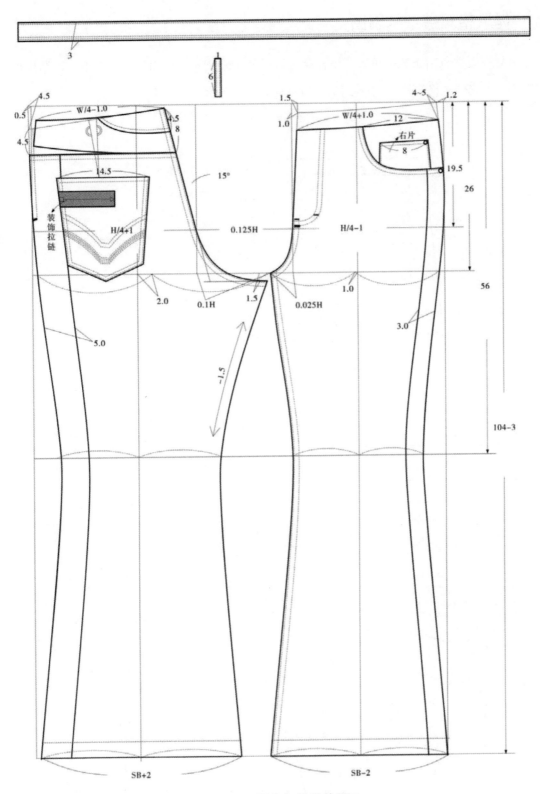

图8-6 男牛仔裤结构图C

2. 合体风格短裤结构制图

男外穿短裤包括正装类短裤、牛仔类短裤以及工装类短裤等品种，风格不一，结构形式亦不一。合体风格短裤款式及结构图如图8-7、图8-8所示。

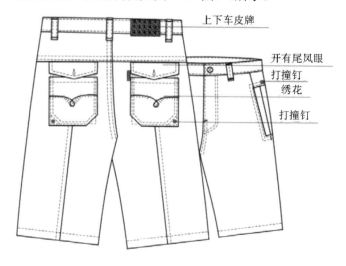

图8-7 合体风格短裤款式图

规格设计：   单位：cm

部位	裤长 （L）	上档长 （BR）	腰围 （W）	臀围 （H）	脚口 （SB）	上档宽
尺寸	45	22+3 （腰宽）	78+4	94+1~3	26	0.15H

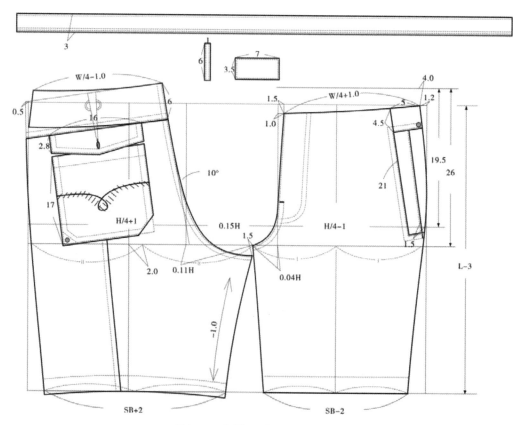

图8-8 合体风格短裤结构图

60

3. 较合体风格短裤结构制图

较合体风格短裤款式及结构图如图8-9、图8-10所示。

图8-9 较合体风格短裤款式图

规格设计：   单位：cm

部位	裤长 （L）	上裆长 （BR）	腰围 （W）	臀围 （H）	脚口 （SB）	上裆宽
尺寸	45	27+3（腰宽）	78+2	94+10	26	0.14H

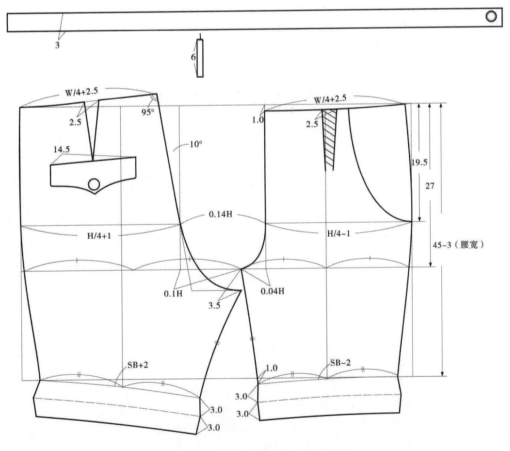

图8-10 较合体风格短裤结构图

61

4. 工装较宽松风格短裤

工装较宽松风格短裤款式及结构图如图8-11、图8-12所示。

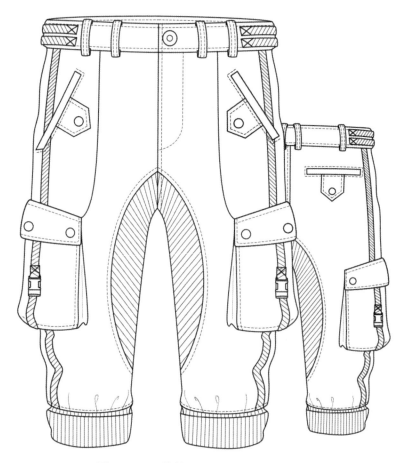

图8-11 工装较宽松风格短裤款式图

规格设计：   单位：cm

部位	裤长（L）	上裆长（BR）	腰围（W）	臀围（H）	脚口（SB）
尺寸	65（连腰）	27+3（腰宽）	78+4	95+12	25

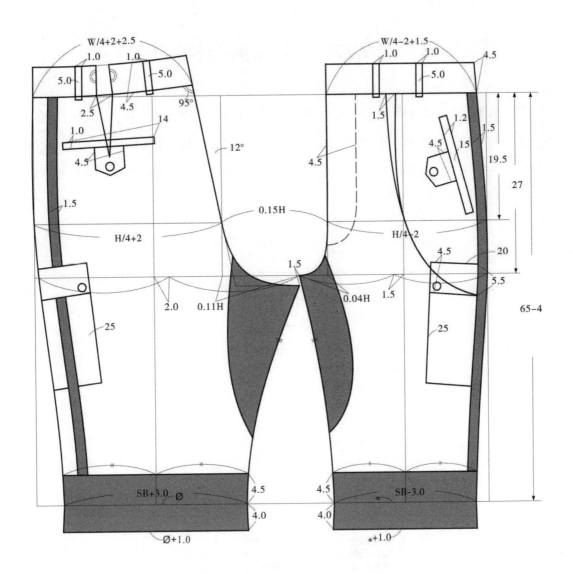

图8-12 工装较宽松风格短裤结构图

学习活动九　工装裤结构制图

　　工装裤属于较宽松风格裤型，其H=净H+（12～18）cm，上裆宽=（0.145～0.15）H，服装上裆与人体裆部有较大空隙。由于要利于工作，所以后裆缝角度要取13°～15°，并且前后烫迹线都采取向侧缝偏斜2～4cm的处理，使下裆缝夹角增大，以增加穿着舒适性。其款式和对应的结构图如图9-1～图9-6所示。

款式A

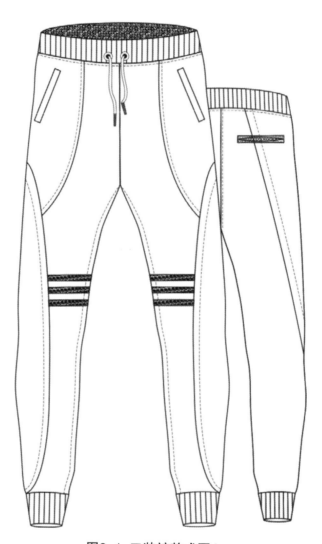

图9-1　工装裤款式图A

规格设计：　　　　　　　　　　　　　　　　　　　　　　　　　　单位：cm

部位	裤长（L）	上裆长（BR）	腰围（W）	臀围（H）	脚口（SB）	上裆宽
尺寸	104	28+4（腰宽）	78+10（收束前）	94+14	10（收束后）	0.14H

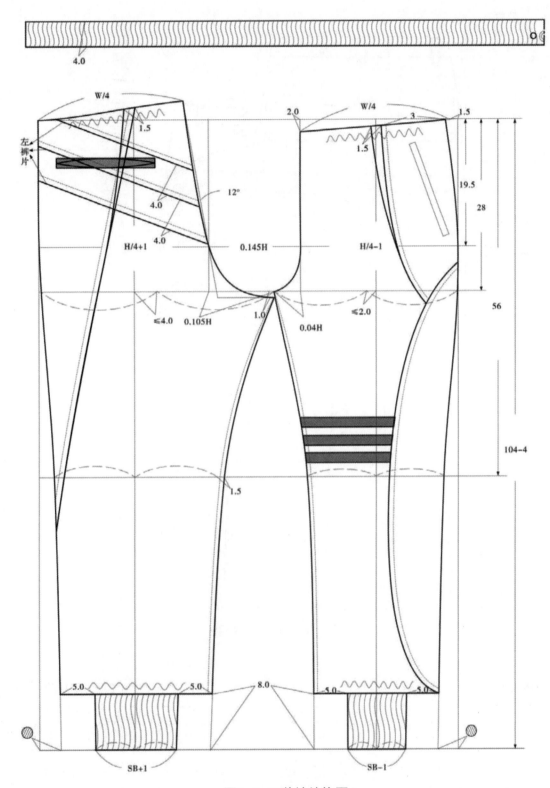

图9-2 工装裤结构图A

款式B

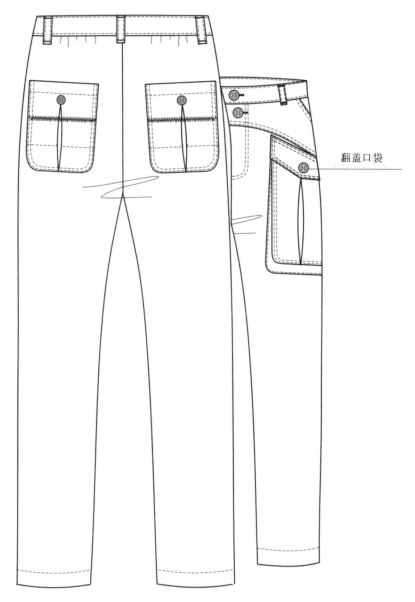

翻盖口袋

图9-3 工装裤款式图B

规格设计：   单位：cm

部位	裤长 （L）	上裆长 （BR）	腰围 （W）	臀围 （H）	脚口 （SB）	上裆宽
尺寸	102	27+3（腰宽）	78+4	94+14	22	0.15H

66

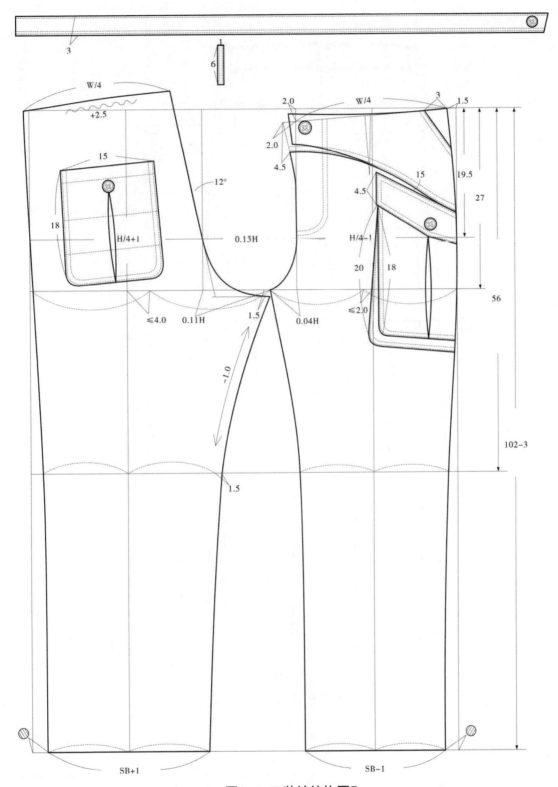

图9-4 工装裤结构图B

款式C

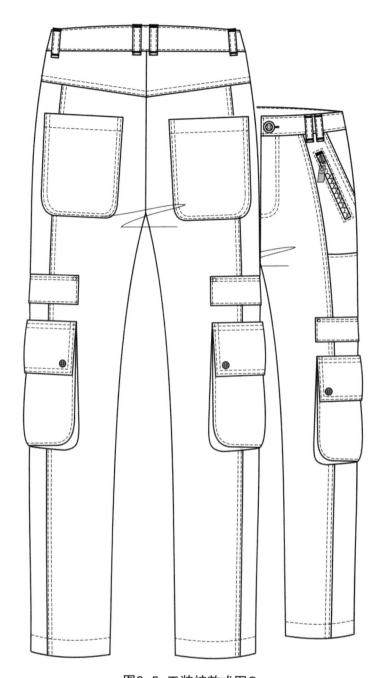

图9-5 工装裤款式图C

规格设计：   单位：cm

部位	裤长 （L）	上裆长 （BR）	腰围 （W）	臀围 （H）	脚口 （SB）	上裆宽
尺寸	102	28+3 （腰宽）	78+4	94+14	22	0.16H

68

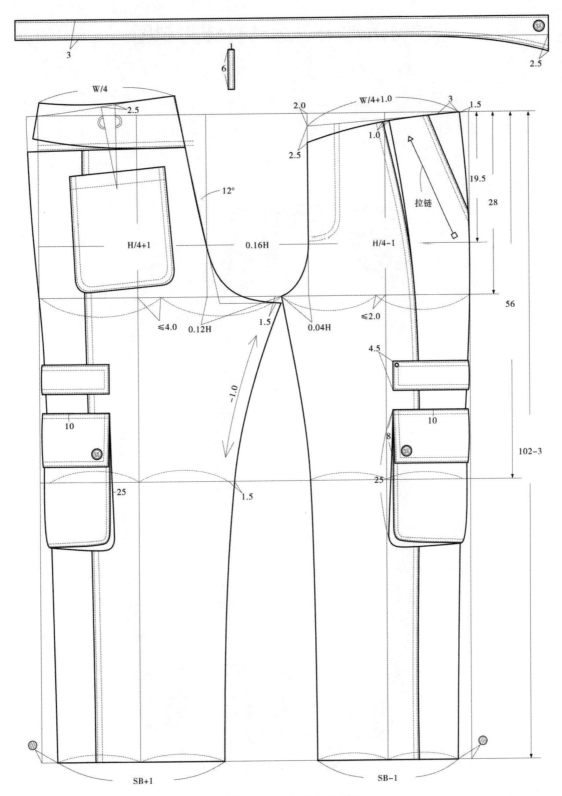

图9-6 工装裤结构图C

69

学习活动十　运动裤结构制图

　　运动裤是运动时穿着的较宽松裤装，其H=净H+(12~18)cm，上裆深在人体下2cm，上裆宽=0.15H，腰部装松紧带，整体宽松自如。其款式和结构图如图10-1～图10-8所示。

款式A

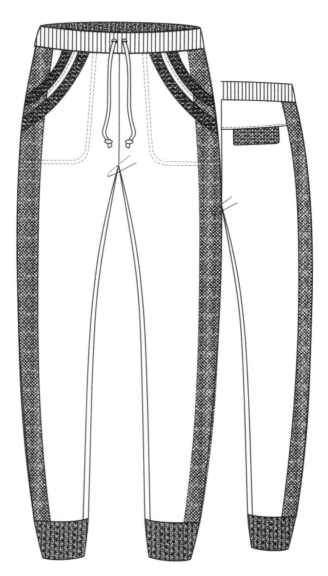

图10-1　运动裤款式图A

规格设计：

单位：cm

部位	裤长（L）	上裆长（BR）	腰围（W）	臀围（H）	脚口（SB）	上裆宽
尺寸	104	28+3（腰宽）	78+10（收束前）	94+12	10（收束后）	0.15H

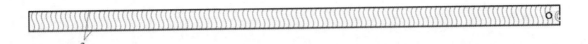

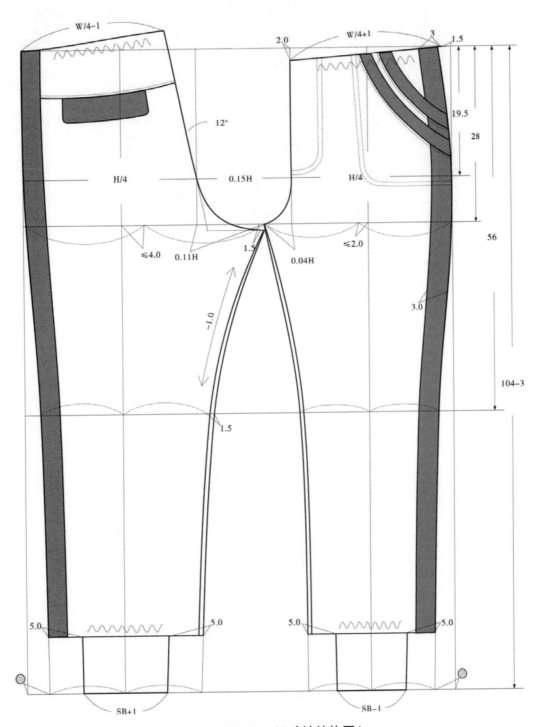

图10-2 运动裤结构图A

款式B

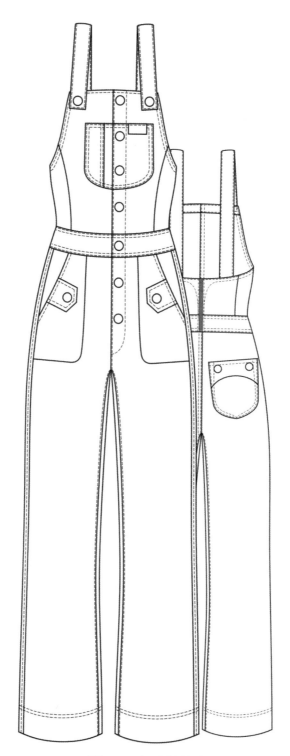

图10-3 运动裤款式图B

规格设计：

单位：cm

部位	裤长 （L）	上裆长 （BR）	腰围 （W）	臀围 （H）	脚口 （SB）	上裆宽	上衣长
尺寸	103	30+3 （腰宽）	78+6	94+10	22	0.15H	44

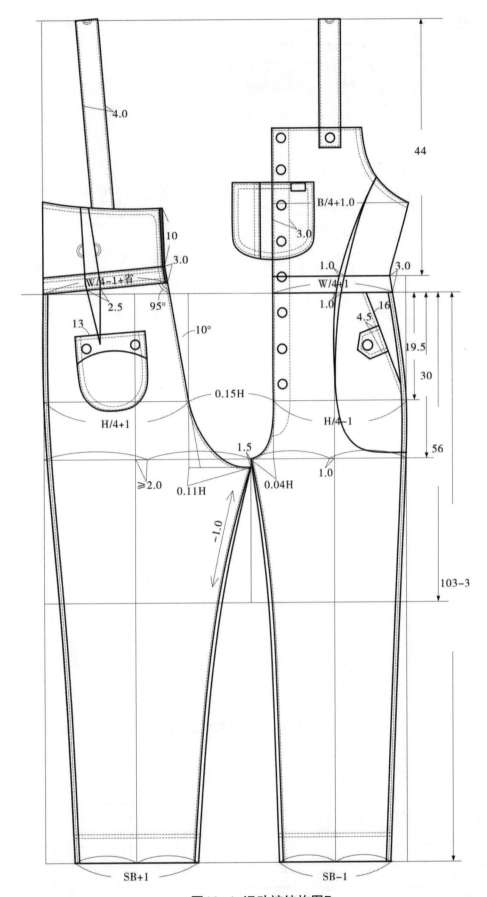

4.0

10

3.0

B/4+1.0

3.0

2.5

95°

W/4-1+省

13

-10°

W/4-1

1.0

3.0

1.0

4.5   16

19.5

30

0.15H

H/4+1

H/4-1

1.5

56

≥2.0

0.11H

0.04H

1.0

-1.0

103-3

SB+1

SB-1

44

图10-4 运动裤结构图B

73

款式C

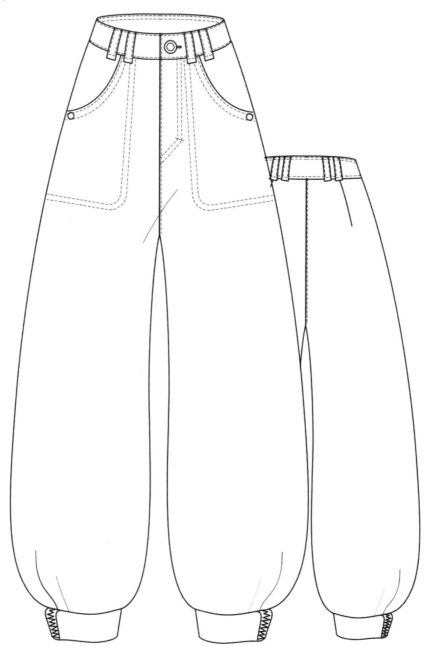

图10-5 运动裤款式图C

规格设计：

单位：cm

部位	裤长 （L）	上裆长 （BR）	腰围 （W）	臀围 （H）	脚口 （SB）	上裆宽
尺寸	104	28+4 （腰宽）	78+2	92+10	10	0.14H

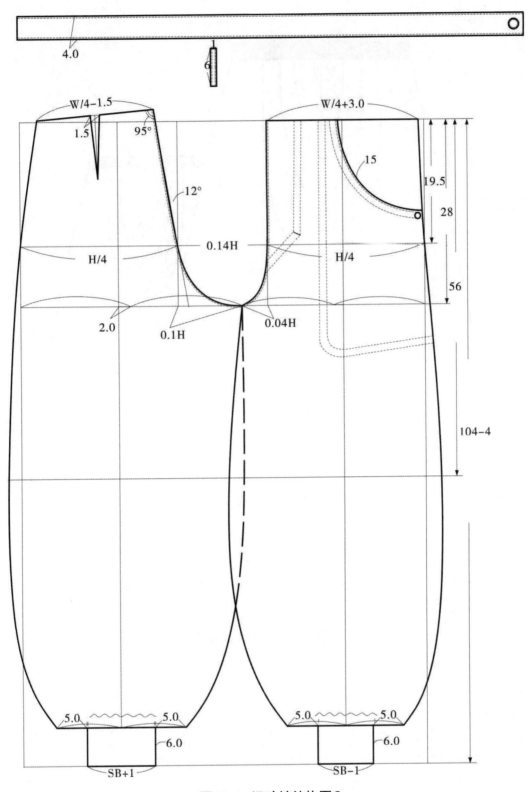

图10-6 运动裤结构图C

款式D

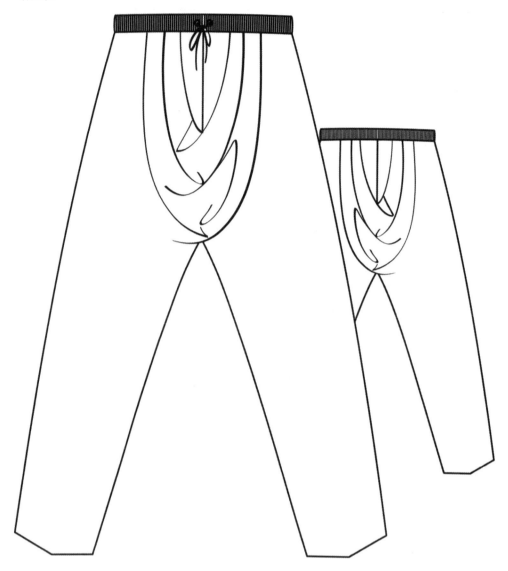

图10-7 运动裤款式图D

规格设计： 单位：cm

部位	裤长 （L）	上裆长 （BR）	腰围 （W）	臀围 （H）	脚口 （SB）	上裆宽
尺寸	98	28+3 （腰宽）	78+6	94+6	18	0.13H

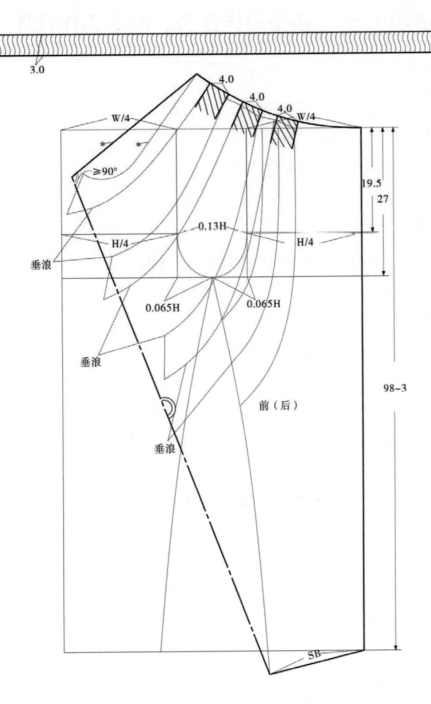

图10-8 运动裤结构图D

学习活动十一　接受制作任务、制定工作计划

1. 学习目标

● 能独立查阅相关资料，确定材料准备周期

● 能确定工时，并制定出合理的工作计划进度表

2. 学习准备

男西裤实物、 工艺单、教具、安全操作规程、学习材料

3. 学习过程

● 查阅相关资料，了解确定工时应考虑哪些因素

● 查阅相关资料，了解材料准备周期的概念及其影响因素

● 查阅相关资料，了解男西裤纸样制作与修正的概念及其要领

● 分析工艺单款式图和男西裤实物，小组讨论完成本任务工作安排

表 11-1 小组工作安排任务表

时间		主题	男西裤纸样制作、修正与裁剪
主持人		成员	
讨论过程			
结论			

● 根据小组讨论结果，制定最适合自己的工作计划

表 11-2 小组工作计划表

序号	开始时间	结束时间	工作内容	工作要求	备注

3.1 查阅相关资料，了解工艺单的形式与作用

3.2 男西裤规格设计

查阅相关资料，进行男西裤系列规格设计，并填入表11-3内。

表11-3 男西裤规格设计

部位	裤长	腰围	臀围	上档	中档	脚口	腰宽
S							
M							
L							
XL							

3.3 根据实物确定男西裤样板的放缝量要求

3.4 确定男西裤面辅料

根据实物确定男西裤面料、辅料，将面辅料小样贴入表11-4内，并写好性能说明。

表11-4 面辅料说明

面辅料小样	面辅料性能说明

3.5 根据实物写出男西裤面料部件及裁片数量

表11-5 面料部件及裁片数量

面料部件及裁片数量说明

3.6 根据实物说明裁剪要求

表11-6 裁剪说明

裁剪要求说明

4. 评价与分析

表11-7 活动过程评价表

班级		姓名		学号		日期		年　月　日	
序号	评价要点			配分	自评	互评	师评	总评	
1	穿戴整齐，着装符合要求			10					
2	在工艺单内写出系列规格尺寸			15				A□（86～100分）	
3	在工艺单内粘贴面辅料小样			10					
4	在工艺单内填写辅料的说明			15				B□（76～85分）	
5	在工艺单内填写部件与零部件的数量			15					
6	在工艺单内填写裁剪要求说明			15				C□（60～75分）	
7	同学之间能相互合作			10				D□（60分以下）	
8	能严格遵守作息时间			5					
9	能及时完成老师布置的任务			5					
小结建议									

学习活动十二　男西裤纸样制作

1. 学习目标

- 能独立查阅相关资料，了解纸样制作的概念及制作方法
- 能独立查阅相关资料，掌握样版的识别标记
- 掌握工业样版制作的基本流程

2. 学习准备

男西裤实物、教具、安全操作规程、学习材料

3. 学习过程

3.1　查阅相关资料，了解纸样制作的概念

（1）纸样制作的概念

服装工业样板是以批量生产为目的，并且具有工业化生产所需要的各种要素，是服装产品在工业化生产中工艺和造型的参考标准与技术依据，包括裁剪样板和工艺样板两种。服装纸样制作为以后进行服装工业样板的制作打好基础。

（2）查阅相关资料，了解服装纸样的制作方法

服装纸样的制作方法可以归纳为两大类：平面构成法与立体构成法。

（3）查阅相关资料，了解纸样制作的识别标记

概念：服装样板识别记号，是从成衣国际标准化的要求出发，使其统一、规范、便于识别及防止差错而制定的标记。掌握这些识别记号的规定，有助于制板人员对掌握服装结构的造型、面料的特性和熟悉生产加工环节等综合能力的提高。

请给下列识别标记写上名称：

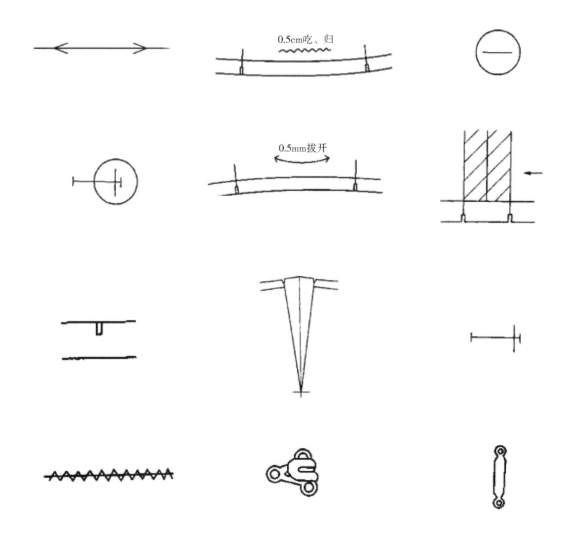

图12-1 服装样板标识记号

3.2 掌握西裤样板制作的基本流程

（1）根据号型规格尺寸合理增加面料回缩量，选择恰当的方法进行净样板的绘制；

（2）净样板包括面料、里料、衬料及辅料等样板；

（3）认真核对净样板规格尺寸，准确无误后进行脱板；

（4）脱板后仔细检查各种规格的样板是否齐备；

（5）在净样板的基础上，根据面料的厚度放出缝份，制成各类裁剪样板和操作样板；

（6）制作出服装工艺各道工序使用的裁剪样板、定位样板、工艺样板和漏画样板等；

（7）在所有的样板上标清丝缕使用方向、板号、号型、体型、规格、部件名称、使用数量、对刀合印及打号位置等内容。

3.3 男西裤净样板制作

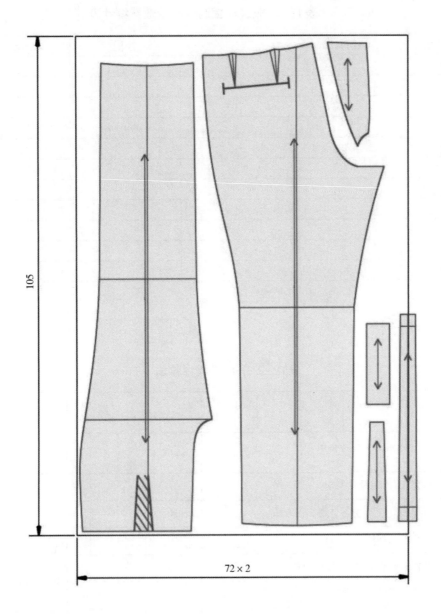

图 12-2 男西裤净样板图

3.4 根据样板制作填写下面的样板统计表

表12-1 服装样板制作要素数量统计表

部位/样板	面料	衬料	净板	辅料
前片	1			
后片	1			
腰	1	1	1	
门襟	1	1	1	
里襟	1	1		
侧缝袋垫布	1			
后袋垫布	1			
后袋嵌线	1	1		
串带襻	1			
侧缝袋布				1
后袋布				1

4. 评价与分析

表12-2 活动过程评价表

班级		姓名		学号		日期			年 月 日	
序号	评价要点			配分	自评	互评	师评	总评		
1	穿戴整齐,着装符合要求			5						
2	掌握服装纸样的概念与制作的方法			10						
3	掌握样板制作的识别标记			10				A□(86～100分)		
4	掌握服装样板制作的基本流程			10						
5	独立进行男西裤样板的制作			40				B□(76～85分)		
6	独立完成男西裤样板数量统计表			10				C□(60～75分)		
7	同学之间能相互合作			5				D□(60分以下)		
8	能严格遵守作息时间			5						
9	能及时完成老师布置的任务			5						
小结建议										

学习活动十三　男西裤样板修正

1. 学习目标

- 能独立查阅相关资料，了解样板修正的重要性
- 能独立查阅相关资料，了解样板修正的部位与基本方法
- 能独立完成男西裤样板修正

2. 学习准备

教具、安全操作规程、学习材料

3. 学习过程

3.1　查阅相关资料，了解样板修正的重要性

由于服装样片是根据人体结构和款式特点分别画出前片、后片、腰头等，将它们组合为立体造型时，连接的部位为衣片的缝合线，如果这些缝合线连接不好，就会出现"皱缩""拉伸"等现象，直接影响服装的外观，因此，在裁剪之前需要对结合部位不圆顺的线条进行调整与修订。

3.2　独立进行样板检查，并将检查情况记录表内

表13-1　样板检验表

序号	检查内容	检查情况记录	教师检查评价
1	型号和款式是否吻合		
2	贴边缝份是否符合工艺要求		
3	样板尺寸与缝合线缩率是否相符		
4	省、裥、袋位标记和刀眼、钻眼是否正确		
5	样板文字标记有否遗漏		
6	样板的直横丝缕标记，可用光边部位标记		
7	标明面、里、衬、毛样、净样、操作样板等字样和数量		

3.3 查阅相关资料，了解样板修正的部位与基本方法

修正部位：前后片侧缝长度、前后片下裆缝长度、腰口线、脚口折边、后裆缝上口折边。

基本方法：

（1）目测样板的轮廓是否光滑顺直，弧线是否圆顺，笼门等形状部位是否准确；

（2）测量：用测量工具测量样板大小规格，各部位用的计算公式和具体数据是否正确；

（3）用样板相互核对；

（4）图示（每个部位用图来表示，校对图+修正图，前后片侧缝长度、前后片下裆缝长度、腰口线、脚口折边、后裆缝上口折边）。

3.4 独立进行男西裤样板校对与修正并填表

表13-2 男西裤样板校对情况表

序号	校对部位	校对结果	纠正情况	自我评价
1	前后片侧缝长度			
2	前后片下裆缝长度			
3	腰口线			
4	脚口折边			
5	后裆缝上口折边			

4．评价与分析

表13-3 活动过程评价表

班级		姓名		学号		日期		年　月　日	
序号	评价要点				配分	自评	互评	师评	总评
1	穿戴整齐,着装符合要求				5				
2	查阅相关资料，了解样板修正的重要性				10				A□（86～100分）
3	能独立进行样板检查				15				
4	能独立查阅相关资料，了解样板修正的部位与基本方法				10				B□（76～85分）
5	能独立进行男西裤样板校对与修正				40				C□（60～75分）
6	同学之间能相互合作				10				
7	能严格遵守作息时间				5				D□（60分以下）
8	能及时完成老师布置的任务				5				
小结建议									

学习活动十四　男西裤裁剪

1. 学习目标

● 能独立进行男西裤的排料

● 能独立进行男西裤的裁剪

2. 学习准备

教具、样板、布料、辅料、安全操作规程、学习材料

3. 学习过程

3.1 了解男西裤的排料图及排料规则

（1）服装排料图

服装排料图也称排板、排唛架、划皮、套料等，是指一个产品排料图的设计过程，是在满足设计、制作等要求的前提下，将服装各规格的所有衣片样板在指定的面料幅宽内进行科学的排列，以最小面积或最短长度排出用料定额。目的是使面料的利用率达到最高，以降低产品成本，同时给铺料、裁剪等工序提供可行的依据。

（2）排料规则

方向规则：首先是所有衣片的摆放都要使衣片上的经线方向与材料的经线方向相一致；二是没有倒顺方向和倒顺图案的材料可以将衣片掉转方向进行排料，达到提高材料利用率的目的，叫做倒顺排料（对于有方向分别和图案区别的材料就不能倒顺排料）；三是对于格子面料，尤其是鸳鸯格面料在排料时一定要做到每一层都要对准相应位置，而且正面朝向要一致。

大小主次规则：即从材料的一端开始，按先大片，后小片，先主片，后次片，零星部件见缝插针，以达到节省材料的目的。

紧密排料规则：排料时，在满足上述规则的前提下，应该紧密排料，衣片之间尽量不要留有间隙，以达到节省材料的目的。

注意每一个衣片样板的标记，一个样版标记2片的，往往是正反相对的两片。西裤经纬纱技术规定，经纱以烫迹线为准，左右倾斜不大于1.0cm，条格料不允许倾斜。后身经纱以烫迹线为准，左右倾斜不大于1.5cm，条格料倾斜不大于1.0cm。腰头经纱倾斜不大于1.0cm，条格料倾斜不大于0.3cm。色织格料纬斜不大于3%。

3.2 学生独立进行男西裤的排料

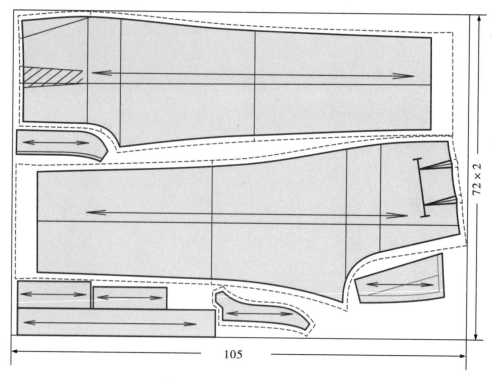

图14-1 男西裤排料图

3.3 独立进行男西裤的裁剪

裁剪注意事项：下刀准确，线条顺直流畅，弧线圆顺；裁剪一般掌握"三先三后"的方法，即：先横后直，先外后里，先部件后零部件；根据样板对位记号剪切刀口，不要太深，也不宜太浅，一般掌握在离边缘2～3mm处。钻孔小而直，位置准确。

3.4 独立进行裁片数量检查并填表

表14-1 男西裤裁片数量表（一条）

部位/样板	面料	衬料	辅料
前片	2		
后片	2		
腰	2	2	
门襟	1	1	
里襟	1	1	
侧缝袋垫布	2		
后袋垫布	1		
后袋嵌线	2	2	

串带襻	7		
侧缝袋布			2
后袋布			1
拉链			1
钮扣			1
裤钩			1
配色线团			1
商标			1

4. 评价与分析

表14-2 活动过程评价表

班级		姓名		学号		日期			年　月　日	
序号	评价要点			配分	自评	互评	师评	总评		
1	穿戴整齐,着装符合要求			10						
2	了解男西裤的排料图及排料规则			10				A□（86～100分）		
3	独立进行男西裤的排料			20				B□（76～85分）		
4	能独立完成男西裤的裁剪			30						
5	同学之间能相互合作			10				C□（60～75分）		
6	能严格遵守作息时间			10				D□（60分以下）		
7	能及时完成老师布置的任务			10						
小结建议										

学习活动十五　接受加工任务、制定工作计划

1. 学习目标

- 能独立查阅相关资料，确定加工工序应考虑哪些因素
- 能独立查阅相关资料，确定影响男西裤加工工时各种因素
- 能制定出合理的男西裤加工工作计划进度表

2. 学习准备

男西裤样裤、工艺单、安全操作规程、学习材料

3. 学习过程

3.1　查阅相关资料，确定加工工序应考虑哪些因素

（1）充分利用现有的服装加工设备；

（2）顺各个加工步骤，协调各工序之间的关系；

（3）注意各小组内部的人员分工与合作；

（4）提高管理水平，平衡加工工序的难易程度；

（5）与客户沟通确认确定款式的时间。

3.2　查阅相关资料，确定影响男西裤加工工时的各种因素

（1）客户提供的材料不能及时到位；

（2）客户与负责男西裤加工的管理人员没有全面详细的沟通；

（3）客户要求完成时间仓促；

（4）负责加工人员的技术水平不均衡；

（5）男西裤部件分配工序不合理；

（6）与客户沟通确认面辅料的采购时间不确定；

（7）负责加工人员的职业素养。

3.3 分析解读工艺单，小组讨论完成男西裤制作工作安排

表15-1 小组工作安排

时间		主题	男西裤结构制图工作安排
主持人		成员	
讨论过程			
结论			

3.4 根据小组讨论结果，制定最适合自己的工作计划

表15-2 小组工作计划

序号	开始时间	结束时间	工作内容	工作要求	备注

4. 评价与分析

表15-3 活动过程评价表

序号	评价要点	配分	自评	互评	师评	总评
1	穿戴整齐，着装符合要求	10				
2	能根据实物与工艺单框架内正面、背面款式图理解款式特征	20				A□（86～100分）
3	能写出影响工时的主要因素	10				B□（76～85分）
4	能说出所需材料的性能特点	20				
5	能制定出合理的工作计划	10				C□（60～75分）
6	同学之间能相互合作	10				
7	能严格遵守作息时间	10				D□（60分以下）
8	能及时完成老师布置的任务	10				
小结建议						

学习活动十六　分析、解读、填写工艺单

1. 学习目标

- 能正确填写男西裤的工艺要求及评分
- 能了解男西裤各部件的数量
- 能填写男西裤的工艺流程图
- 能根据样裤正确填写工艺单

2. 学习准备

男西裤样裤、工艺单、安全操作规程、西裤相关资料、学习材料

3. 学习过程

3.1　查阅相关资料，小组讨论填写男西裤的工艺要求及分值

表16-1　工艺要求与分值

项　目	工艺要求	分值
规　格	允许公差范围：W+1，H+1，直裆+1	15
腰　头	丝缕顺直，宽度一致，内外平服，两端平齐，缝合牢固（两端无毛露），襻位恰当，串带襻整齐、无歪斜，左右对称	10
门　襟	门襟止口顺直，长短一致，封口牢固，不起吊，拉链平服，缉明线整齐	15
前　片	折裥位对称，裥量一致，烫迹线挺直	5
侧　袋	左右对称，袋口平服，不拧不皱，缉线整齐，上下封口，位置恰当，缝合牢固，袋布平服	15
后　片	腰省左右对称，倒向正确，压烫无痕	5
后　袋	左右对称，大小符合规格，袋口平服，嵌线均匀，两侧封口牢固，无毛无裥，袋布平服	10
内外侧缝	缝线顺直，不起吊，分烫无坐势	5
裆　缝	裆缝十字缝处平服，缝线顺直，分压缝线迹重合	5
裤脚口	贴边宽度均匀，三角针线迹松紧适宜，正面无针花，底边平服，不拧不皱	5
整烫效果	无污、无黄、无焦、无光、无皱，烫迹线顺直	10

3.2 查阅相关资料，了解男西裤各部件的数量

前裤片两片，后裤片两片，腰头、里、衬（硬衬）各一片，串带襻七根，门襟面、衬（无纺衬）各一片，里襟一片，后袋嵌线四片，袋垫两片，后袋布两片，斜插袋垫两片，斜插袋布两片，拉链一根，钮扣两粒，裤钩一副。

3.3 工艺制作步骤以及工艺流程图

准备工作（做标记、划线）—检查裁片—归拔—锁边、收省—做后袋—做斜插袋、前片打折裥—装斜插袋—缝合侧缝、下档缝—烫前、后挺缝线—缝合前后档缝—做装门里襟、装拉链—门襟缉线—做腰、装腰、串带襻—做脚口—锁眼、钉扣—整烫

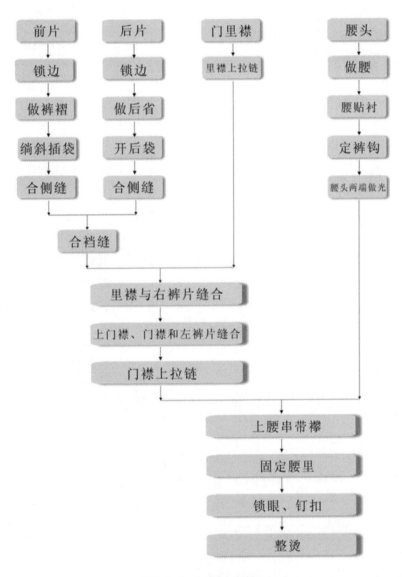

图16-1 工艺流程图

93

3.4 根据实物正确完成工艺单填写

表16-2 男西裤工艺单

				参审工作室名		群益工作室
款式编号	2014-4-19	款式名称	男西裤	季节	春秋	制板规格单（单位：cm）

正面图示：（要求标明各缝子的工艺符号）

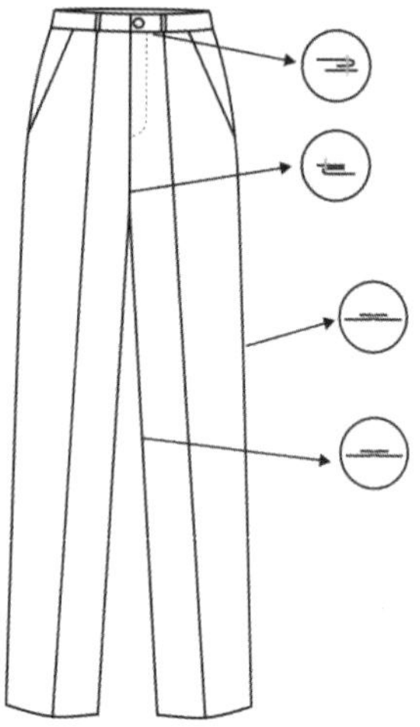

部位	S	M	L	XL
裤长	101	103	105	107
腰围	74	78	82	86
臀围	96.5	100	103.5	107
上裆	26.5	27	27.5	28
中裆	22	23	24	25
脚口	21	22	23	24
腰宽	3	3	3	3

面料小样

背面图示：（要求标明各缝子的工艺符号）

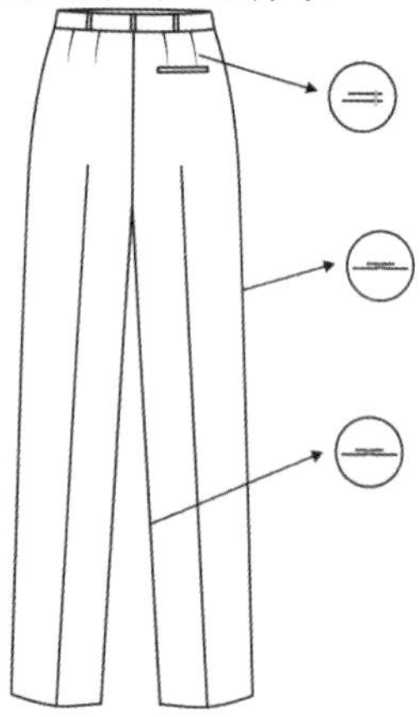

用面料部件及片数说明：

前裤片2片，后裤片2片，腰、里、衬（硬衬）各一片，串带襻7根，门襟面、衬（无纺衬）各一片，里襟一片，后袋嵌线4片，袋垫2片，后袋布2片，斜插袋垫2片，斜插袋布2片，拉链一根，钮扣2粒，裤钩一副

辅料说明：

腰硬衬、无纺衬、四眼钮扣、裤钩、腰里

工艺要求说明：

腰宽4cm、袋口止口0.7cm、袋口大15.5 cm、后袋口大13.5cm、嵌线宽0.5cm、脚口贴边4cm绷三角针

款式概述：

裤腰为装腰型直腰，前中门里襟装拉链，前裤片腰口左右反折裥各一个，前袋的袋型为侧缝斜袋，裤带襻 7 根。后裤片腰省左右各收省 2 个，右裤片双嵌线袋一个，平脚口。

针距要求说明：

明线14～16针 / 3cm

裁剪要求说明：

丝绺归正，正负差不超过 1 cm

制单人签名		制单时间		审核情况说明	
审核者签名		审核时间			

4. 评价与分析

表16-3 活动过程评价表

班级		姓名		学号			日期			年　月　日
序号	评价要点				配分	自评	互评	师评	总评	
1	穿戴整齐,着装符合要求				10				A□(86～100分) B□(76～85分) C□(60～75分) D□(60分以下)	
2	在工艺单内写出款式特征概述				15					
3	写出男西裤测量要点				20					
4	同学之间相互测量				20					
5	根据净体尺寸进行成衣规格设计				15					
6	能严格遵守作息时间				10					
7	能及时完成老师布置的任务				10					
小结建议										

学习活动十七 锁边、前后裤片归拔、收省、制作零部件（斜插袋、串带襻、门里襟、腰）

1. 学习目标

- 能做好所有缝制前的准备工作
- 能掌握男西裤锁边的部位及质量要求
- 查阅资料，了解归拔原理，掌握男西裤的前后片归拔技能
- 能掌握男西裤零部件制作技能及工艺步骤

2. 学习准备

男西裤样裤、各部件教具、安全操作规程、学习材料、制作工具

3. 学习过程

3.1 男西裤制作前的准备工作

（1）在缝制前需选用与面料相适应的针号和线，调整底、面线的松紧度及线迹密度。

针号：80 / 12～90 / 14 号。用线与线迹密度：明线 14～16 针 / 3cm，底、面线均用配色涤棉线。暗线 13～15 针 / 3cm，底、面线均用配色涤棉线。

（2）检查裁片

数量检查：对照排料图，清点裁片是否齐全；

质量检查：认真检查每个裁片的用料方向、正反、形状是否正确。

（3）核对裁件：复核定位、对位标记；检查对应部位是否符合要求。

（4）划线：在后省、后袋、正面斜插袋部位对应划线。画袋口位、收省制定后袋、袋口位，腰口向下 8cm划平行线，确定袋口大 13cm。

（5）前片手工固定里布（膝盖绸）：膝盖绸的反面与前裤片反面相对，包括上腰口、前裆缝、下裆缝、侧缝处，使里布与面料平整，用手缝针固定。

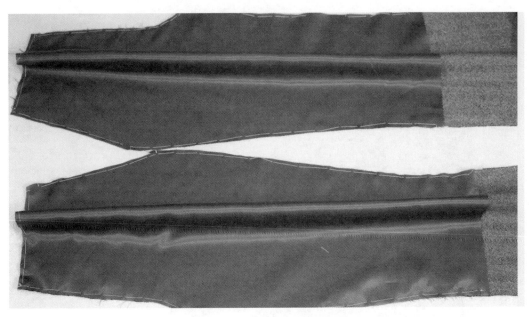

图17-1 前片手工固定里布

（6）主要部件、零部件：前片×2 、膝盖绸×2、后片×2、门襟×1、里襟×1、里襟里布×1、腰面×2、斜袋垫布×2、斜袋贴×2、裤襻×6、上嵌线×2、下嵌线×2、后袋垫布×2。

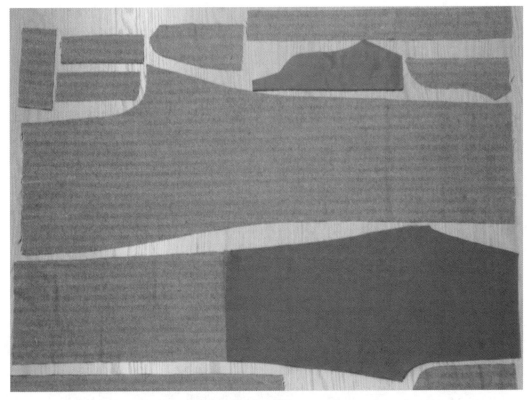

图17-2 主要部件、零部件

（7）辅料与配件：斜插袋×2、后袋布×4、腰里×1、腰衬×1、拉链×1、四件扣×1、钮扣×3等。

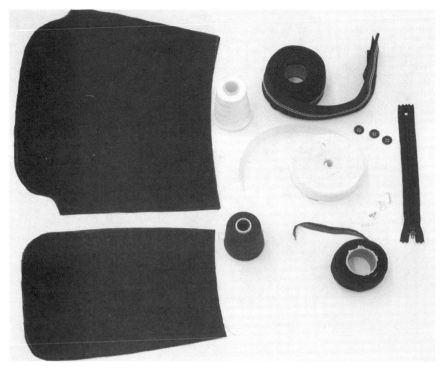

图17-3 辅料与配件

3.2 男西裤锁边的部位及质量要求

（1）裤片除腰口外全部锁边，门襟外口、里襟双片、垫袋布、下嵌线底边也应锁边。

（2）锁边时裤片正面朝上，锁边线要不紧不松、不断线、不脱线，锁边线迹平整、密度适宜，在裤裆缝锁边时注意拉伸裆缝，裤片锁边贴近刀片，不能削掉裤边，造成成品规格缩小。

（3）拷边：在面料正面进行拷边，要求拷边切边0.1cm。前片×2、后片×2、门襟×1、里襟×1、斜袋垫布×2、斜袋贴×2、后袋垫布×2、上嵌线×2、下嵌线×2。

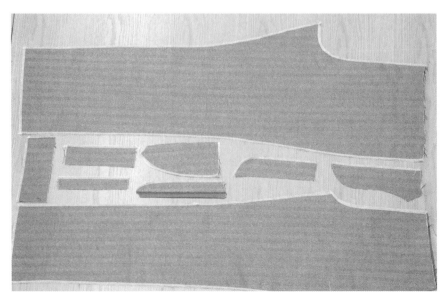

图17-4 拷边

3.3 烫黏衬

用熨斗在腰面烫树脂黏合衬；插袋口、后袋位、后袋嵌线、门襟、里襟烫上无纺黏合衬。注意温度、时间、压力适当，以保证粘合均匀、牢固。

手工粘衬工艺：腰面×2、门襟×1、里襟×2、后袋垫布×2、上嵌线×2、下嵌线×2、斜袋垫布×2、斜袋贴边×2，在各零部件的反面进行粘衬。粘衬牢固，不宜超过面料。

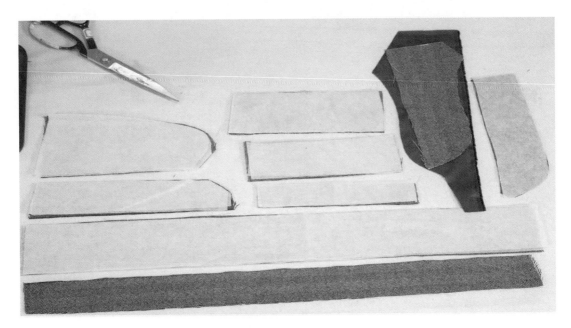

图17-5 烫黏衬

3.4 归拔的原理与技巧（教师介绍归拔的原理）

归拔的原理，归为聚拢熨烫，拔为把缝料抻开熨烫。平面造型的裤子，虽采用了省、裥、凹势、胖势、倾斜度等处理方法，但是还不能符合人体曲线形状。必须再采取熨烫中归拔的方法，改变织物丝缕，以达到与人体体型相吻合的目的。如在臀围部位拔出胖势，在横裆部位归拢凹势等，使线的造型变为面的造型。一般以归拔后裤片为主，前裤片可稍归拔。

归拔的技巧如图17-6所示。

归拔下裆缝：重点归拔横裆以上及中裆部位。方法是熨斗按箭头方向将直丝缕用力拔开(拉长)至下裆缝上段至中裆沿边，使成弧线；中裆处边拔边拉出；在往下裆缝处熨烫时要将回势归平；接着将后龙门横丝处拉开向下，才能在下裆缝10cm处归拢，不使上翘。经过这样连续、往返的归拔，即可使下裆缝近似直线形，丝缕走型。

归拔侧缝：侧缝部位与下裆缝部位对称归拔，方法相似。将上端臀围处归拢，边烫边用左手顺着箭头将直丝缕拉长至中裆，使中裆处一段也近似直线形。

对折、复烫定型：在复烫过程中，将裤片对折，观察三处是否达到要求：一是横裆部位要有较明显的凹进，二是臀围部位胖势要凸出，三是下裆缝脚口处要平齐。

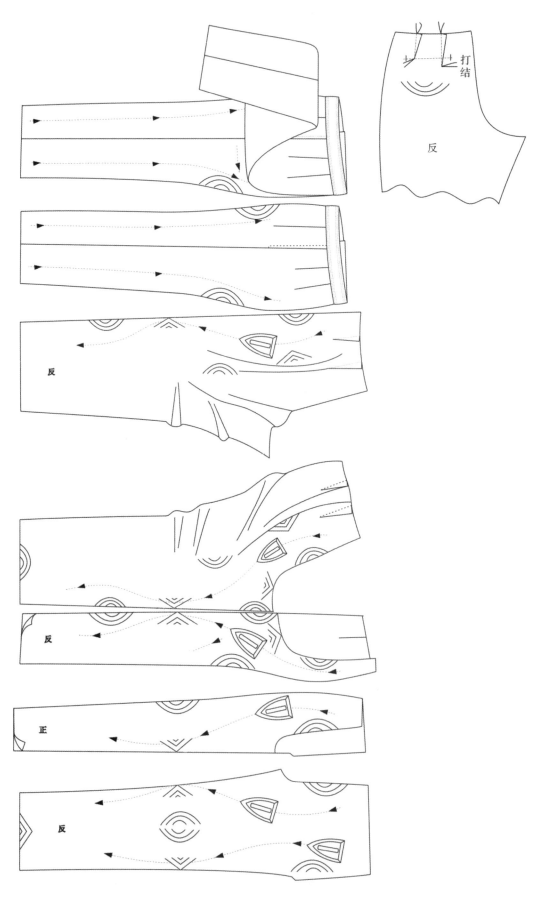

图17-6 归拔技巧

前后片归拔工艺：臀围处归拢，中裆处拔开，使侧缝、下裆缝归拔成直线状态。对折裤片，使侧缝与下裆缝上下重合烫呈直线，使裤中线呈立体弧线状态，后片裤中线臀围处的弧型立体状态更明显。

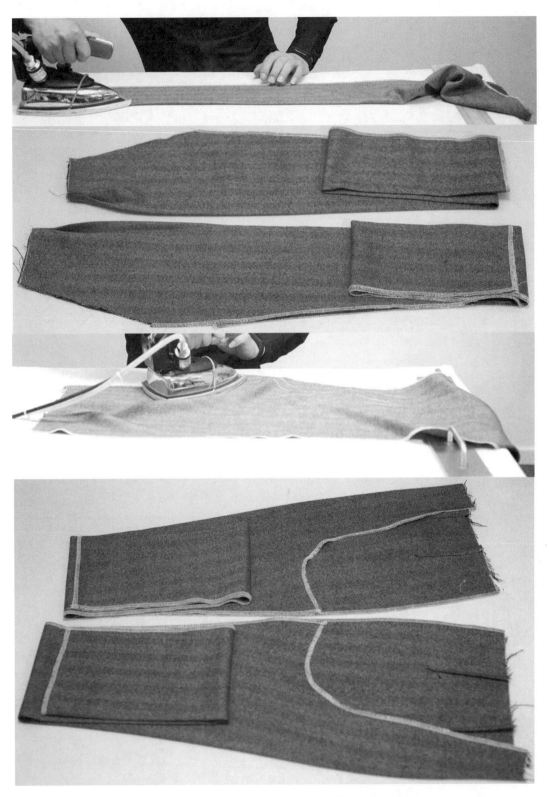

图17-7 归拔方法示意图

3.5 收省的部位及工艺步骤

制定后袋省位：袋口大各进2cm划省道中心线，在后裤片反面按照省中线对折省量并车缝，省长为腰口下8cm(毛)。省大为1.5cm，腰口处打回针，省尖留5cm左右的线头打结。省道大1.5cm，省要缉得直而尖，省在反面朝裆缝烫倒。

后裤片定省位：按纸样在裤片反面画出省位。

图17-8 收省

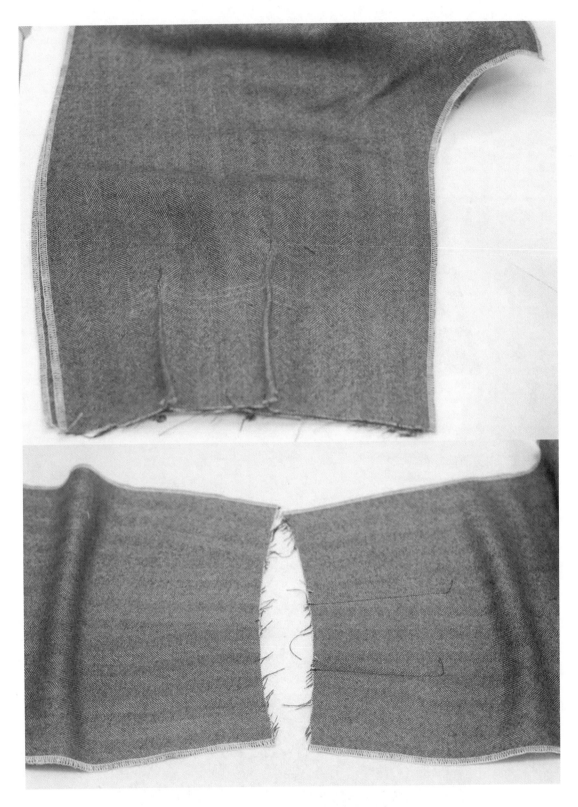

图17-9 收省示意图

3.6 做侧缝斜插袋的工艺步骤

（1）画斜袋袋位：裤斜袋口斜度净3cm，袋口大15cm，袋封口3cm，总斜长18cm，用划粉轻轻把袋位分别划在前裤片和袋垫上。

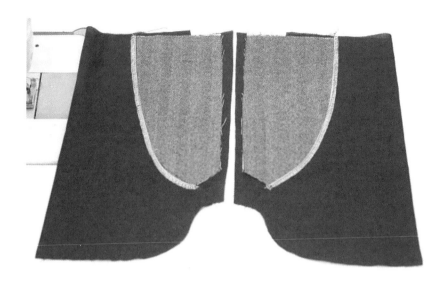

图17-10 定位插袋

（2）扣烫前裤片袋口。

图17-11 扣烫前裤片袋口

A. 缝合前袋口：袋布的前袋口与前裤片的袋口正面相对，沿边缝0.5cm的止口，至下袋口18cm处打好回针。

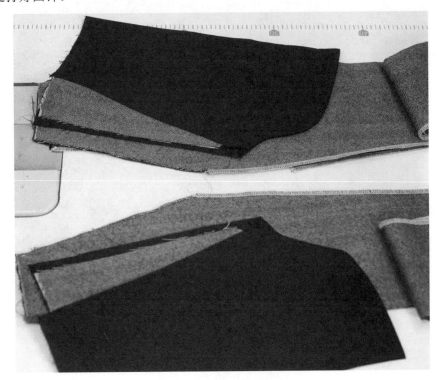

图17-12 缝合前袋口

B. 翻烫袋口：在下袋口回针处打剪口，剪口不可过头。翻出袋口理顺，熨烫袋止口，止口平薄顺直。

C. 压袋止口：沿袋口压0.5~0.7cm的止口，下袋口刀眼处与袋口呈直角转弯。也可以直线缝止口。

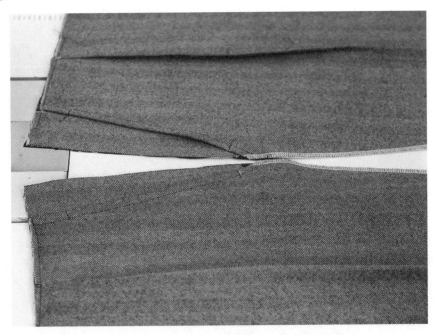

图17-13 袋布与袋垫对齐修正

图17-14 兜切袋布

3.7 做串带襻的工艺步骤

（1）裤襻：裤襻净宽为0.8～1cm，长为9cm左右。

（2）制作方法

A. 4cm宽的裤襻面料，对折沿边缝0.9cm的用缝，修剪用缝至0.5cm。

B. 烫分开缝，将裤襻用手缝针翻转，拼缝位于裤襻中间，并将裤襻熨烫平整。

C. 在裤襻两边压0.1cm的止口，烫挺裤襻，将裤襻剪成6段，每段8.5cm长。

图17-15 串带襻

3.8 做门里襟工艺步骤

（1）门襟贴边和里襟的反面烫衬。

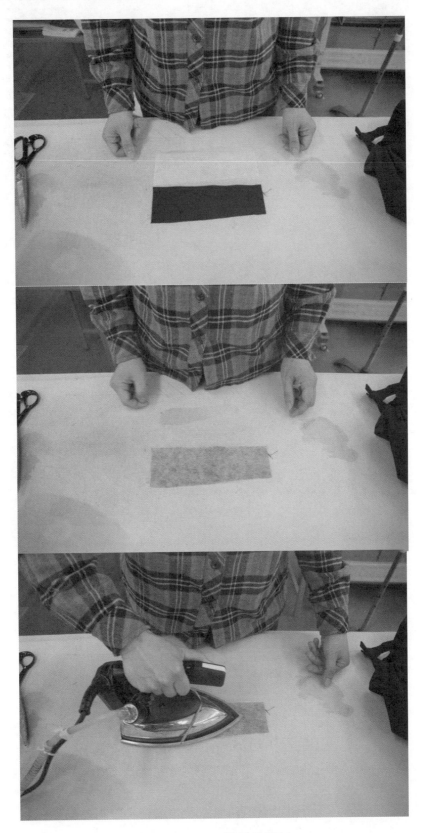

图17-16 门襟里襟烫衬

（2）里襟对折整烫，外侧与下口锁边。

图17-17 里襟对折整烫

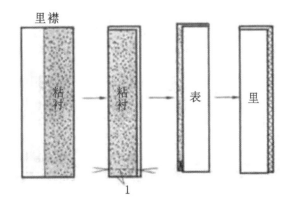

图17-18 门里襟制作示意图

3.9 做腰的工艺与制作步骤

（1）西裤裤腰裁片：腰面×2、腰里×2、腰衬×2、样板。

确定腰面规格：根据样板和裤片实际长度，在腰面反面确定后裆缝、后腰围大小、前腰围大小；门襟处加长5cm，里襟处加长4cm。

图 17-19 确定腰面规格

烫粘衬：根据腰围实际尺寸，粘贴腰衬。装腰留用缝1cm，腰里留用缝2cm。

图17-20 烫粘衬

配腰里：根据腰围实际长度配备腰里。

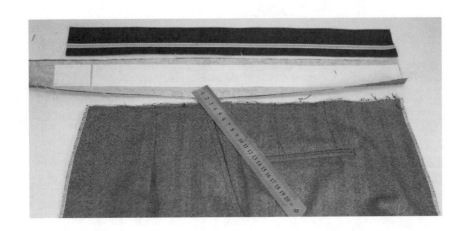

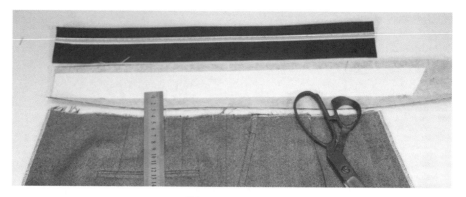

图17-21 配腰里

（2）烫腰面：将腰里用缝扣烫，确定腰面宽度。

图17-22 烫腰面

（3）缝合腰里：腰里扣光与腰面宽度距离0.5cm进行缝合。

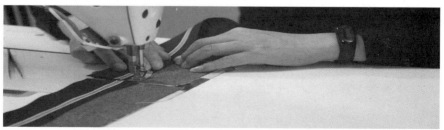

图17-23 缝合腰里

（4）扣烫腰里：根据腰宽扣烫腰里，注意左右对称，条格面料要对条对格。

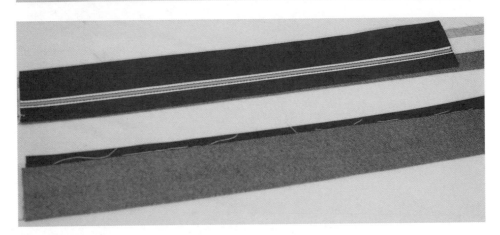

图17-24 扣烫腰里

4. 评价与分析

表17-1 活动过程评价表

序号	评价要点	配分	自评	互评	师评	总评
1	穿戴整齐,着装符合要求	5				
2	能做好做裤子的准备工作	10				
3	能会正确锁边	5				
4	能掌握归拔的技巧	5				
5	能会烫粘衬	10				A□(86～100分)
6	能会收省	5				B□(76～85分)
7	能会做侧缝斜插袋	10				
8	能会做串带襻	5				C□(60～75分)
9	能会做门里襟	10				D□(60分以下)
10	能会做腰	10				
11	同学之间能相互合作	5				
12	能严格遵守作息时间	10				
13	能及时完成老师布置的任务	10				
小结建议						

学习活动十八　后袋工艺制作

1. 学习目标

● 能解读双嵌线袋工艺流程

● 能掌握做双嵌线袋的工艺要求

● 能掌握双嵌线袋的工艺步骤和操
作方法

2. 学习准备

男西裤样裤、各部件教具、安全操作规程、学习材料、制作工具

3. 学习过程

3.1　解读双嵌线袋工艺流程

袋位粘衬—固定袋布—缉上下嵌线—开袋口—封三角—固定下嵌线—缉袋垫布—固定嵌线与袋垫布—兜缉袋布—封门字形—固定袋布与腰上口—打套结

3.2　双嵌线袋的工艺要求

（1）规格准确，外形美观；

（2）袋口方正，不毛不裥，嵌线顺直，宽窄一致。

3.3　双嵌线袋的工艺步骤和操作方法

（1）开后袋：后片×2、袋布×4、垫布×2、上嵌线×2、下嵌线×2。

图18-1　开后袋

（2）缝袋口：袋布上下左右居中垫在袋位反面；正面缉上、下嵌线，袋口大13.5cm，宽度各0.5cm，两线间1cm，长度一致、两头回针牢固；袋布两边至少留2cm。

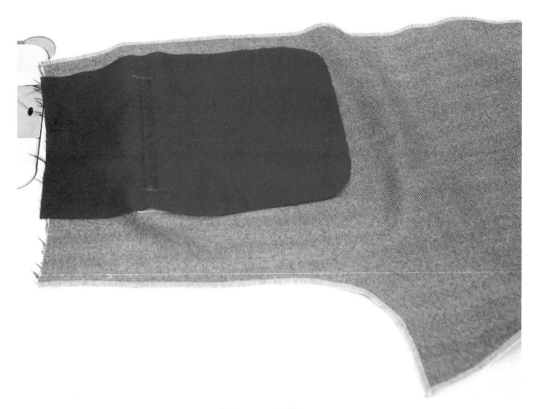

图18-2 缝袋口

（3）剪袋口：两线之间居中剪开袋口，袋口1cm处剪Y型开口，剪口到位不得过头。

图18-3 剪袋口

（4）整理袋口：上下嵌线翻到袋口正面熨烫平挺正直，嵌线宽窄一致。

（5）三角封口、下嵌线固定：嵌线拉直放整齐，三角封口在根部；四角方正不毛出。将下嵌线另一边沿拷边线缉线与袋布固定。

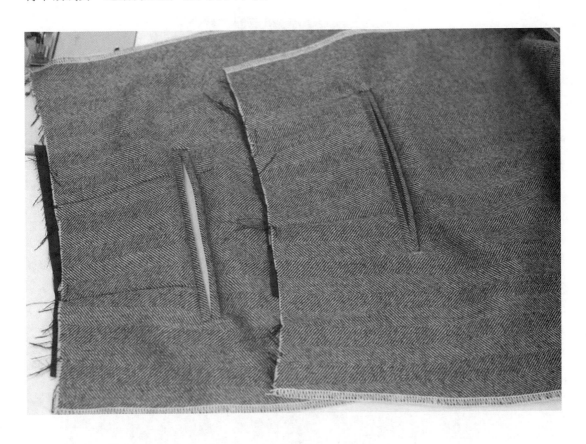

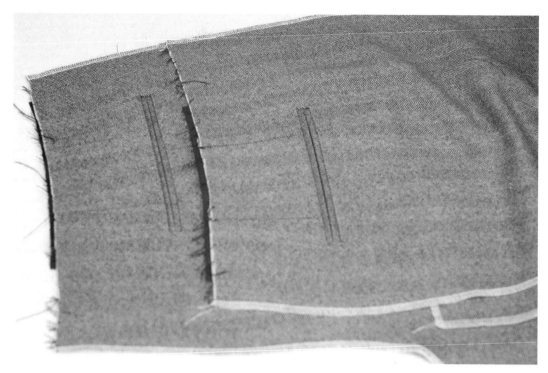

图18-4 整理袋口、三角封口、下嵌线固定

（6）装垫布：垫布与上嵌线高度平齐，左右与袋布对齐；沿下边的拷边线缉线。

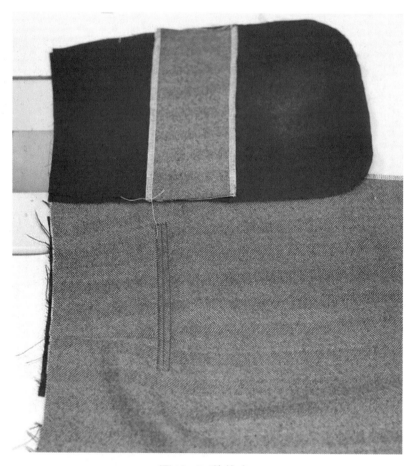

图18-5 装垫布

（7）袋布来去缝：检查袋布左右是否对称、圆角大小是否一致；两层袋布正面相对，用缝0.5cm，缉线顺直；修剪用缝与毛丝至0.4cm。

（8）烫袋布止口：翻转并理顺袋布；将袋布止口烫齐，圆角要圆顺，直线要顺直。

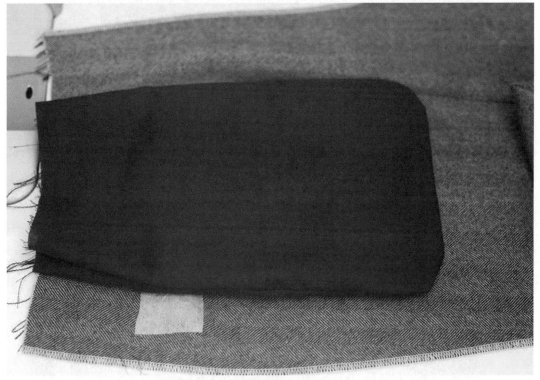

图18-6 袋布来去缝、烫袋布止口

（9）门字封口：翻起裤片，从三角封口处起针，沿袋布缉来回1cm的回针再转弯沿袋布缉0.1cm的止口到另一边的袋口，同样转弯沿三角封口处缉来回三道线的回针。

（10）袋布三面压止口：在袋布正面沿三面来去缝压0.5cm的止口，再将袋布熨烫平整。

（11）固定袋布与腰口：将袋布放平整，与上腰口缝合固定，缉线宽0.5cm。

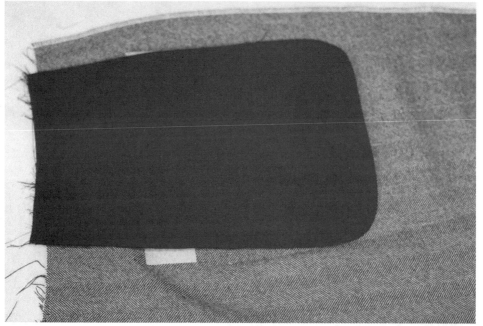

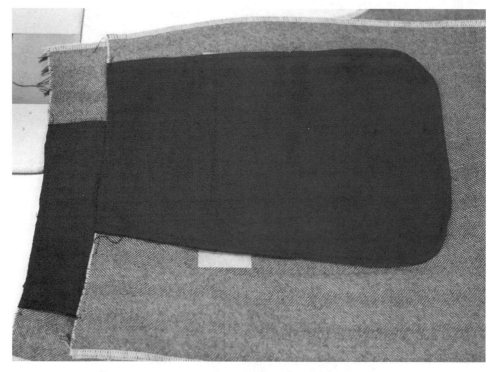

图18-7 门字封口、袋布三面压止口、固定袋布与腰口

4. 评价与分析

表18-1 活动过程评价表

序号	评价要点	配分	自评	互评	师评	总评
1	穿戴整齐，着装符合要求	10				
2	能做好做后袋的准备工作	10				A□（86～100分）
3	能解读双嵌线袋工艺流程	10				
4	能掌握双嵌线袋的工艺要求	10				B□（76～85分）
5	能掌握双嵌线袋的工艺步骤和操作方法	30				C□（60～75分）
6	同学之间能相互合作	10				
7	能严格遵守作息时间	10				D□（60分以下）
8	能及时完成老师布置的任务	10				
小结建议						

学习活动十九　缝合侧缝、装侧缝斜插袋

1. 学习目标

- 能解读男西裤缝合侧缝、装侧缝斜插袋工艺流程
- 能掌握分析缝合侧缝、装侧缝斜插袋的工艺要求
- 能掌握缝合侧缝、装侧缝斜插袋的工艺步骤和工艺操作方法

2. 学习准备

男西裤样裤、各部件教具、安全操作规程、学习材料、制作工具

3. 学习过程

3.1　男西裤缝合侧缝，装侧缝斜插袋工艺流程

袋布斜边夹入前裤片袋口—袋布烫平—缝合侧缝—沿袋口缉压0.7cm止口—缝合袋垫布与后片侧缝—将下袋布边缘折光烫平—沿袋布缉压 0.1cm止口—顺势将袋底压0.5cm的明止口—封袋口

3.2　斜插袋质量要求

（1）侧缝缝份分足，无虚缝；

（2）袋口平服，下袋口无毛露；

（3）止口明线顺直，无涟形；

（4）袋口大小、斜度准确；

（5）袋口封结牢固；

（6）袋布平服，缉线顺直，袋底无毛露。

3.3　制作侧缝斜插袋的工艺步骤和工艺方法

（1）缝合侧缝：前后片正面相对，后片在下，沿拷边线缝合侧缝。

图19-1 缝合侧缝

（2）熨烫侧缝：将侧缝烫分开，边烫边用压铁冷却定型。最后在裤片正面，检查熨烫的质量效果。

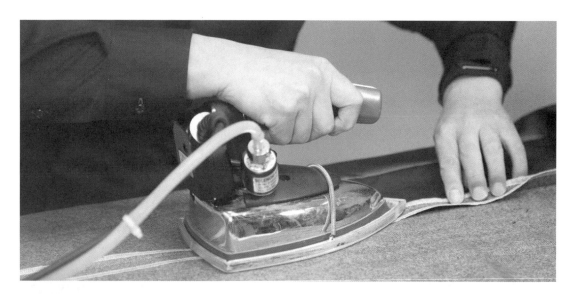

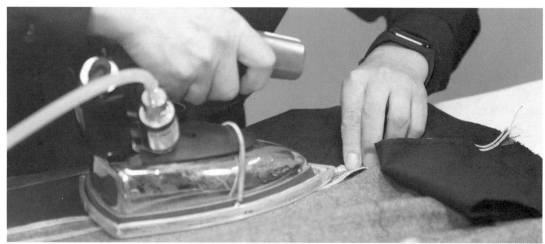

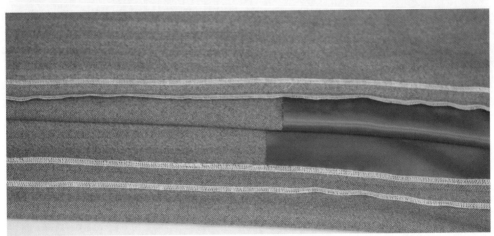

图19-2 熨烫侧缝

（3）扣烫裤子贴边：裤脚贴边4cm。在后片的中心可以装20cm的贴脚边。

图19-3 扣烫裤子贴边

4. 评价与分析

表19-1 活动过程评价表

序号	评价要点	配分	自评	互评	师评	总评
1	穿戴整齐，着装符合要求	10				
2	能做好合缉侧缝、装斜插袋的准备工作	10				
3	能解读男西裤缝合侧缝、装侧缝斜插袋工艺流程	10				A□（86～100分）
4	能会正确装斜插袋	20				
5	能会正确合缉侧缝	10				B□（76～85分）
6	能掌握分析装侧缝斜插袋的工艺要求和工艺规范	10				C□（60～75分）
7	同学之间能相互合作	10				
8	能严格遵守作息时间	10				D□（60分以下）
9	能及时完成老师布置的任务	10				
小结建议						

学习活动二十　合裆缝、装门里襟拉链、装腰

1. 学习目标

● 能解读男西裤工艺流程

● 能掌握分析合裆缝、装门里襟拉链、装腰的工艺要求

● 能掌握合裆缝、装门里襟拉链、装腰的工艺步骤和工艺操作方法

2. 学习准备

男西裤样裤、各部件教具、安全操作规程、学习材料、制作工具

3. 学习过程

3.1　合裆缝工艺流程

缝合下裆缝—装门里襟拉链（门襟与左裤片缝合、里襟与右裤片缝合、翻转分别缉0.1cm止口、门襟与拉链缝合、缉门襟明线、封口）—装裤钩—装腰。

（1）缝合下裆缝：根据用缝大小缝合下裆缝，靠近龙门20cm处要双线加固。

图20-1 缝合下裆缝

（2）熨烫下裆缝：将下裆缝烫分开，边烫边用压铁冷却定型。最后在裤片正面，检查熨烫的质量效果。

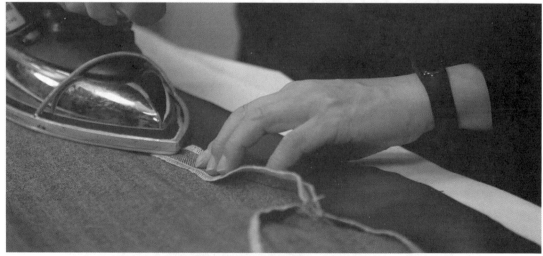

图20-2 熨烫下裆缝

（3）熨烫裤口贴边：根据裤长，扣烫裤口贴边，并用压铁冷却定型。

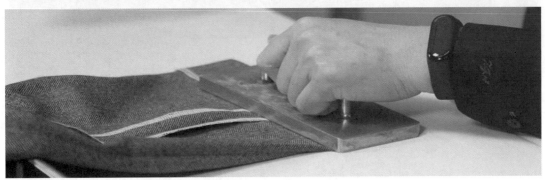

图20-3 熨烫裤口贴边

（4）半条裤子熨烫：将裤子正面翻出，从裤口开始熨烫。先将侧缝与裆缝上下对齐、摆放整齐、熨烫正直平挺，再将前中线烫挺，并且裤中线与立直裆联通。最后将后中线烫挺，裆底要平服，臀围处呈胖势，腰口处与裤襻对接。横裆处适当归拢，使裤片平整，挺括。

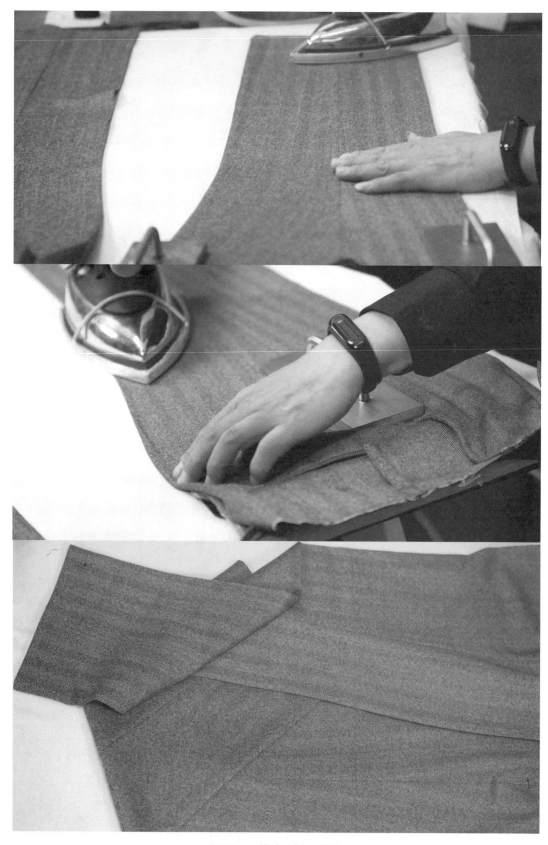

图20-4 半条裤子熨烫

（5）确定裤襻位置：后裆缝用缝2cm，距离后裆缝2～3cm为第三个裤襻位置；第一个在前片立直裥上；第二个在第一、三个的中间。

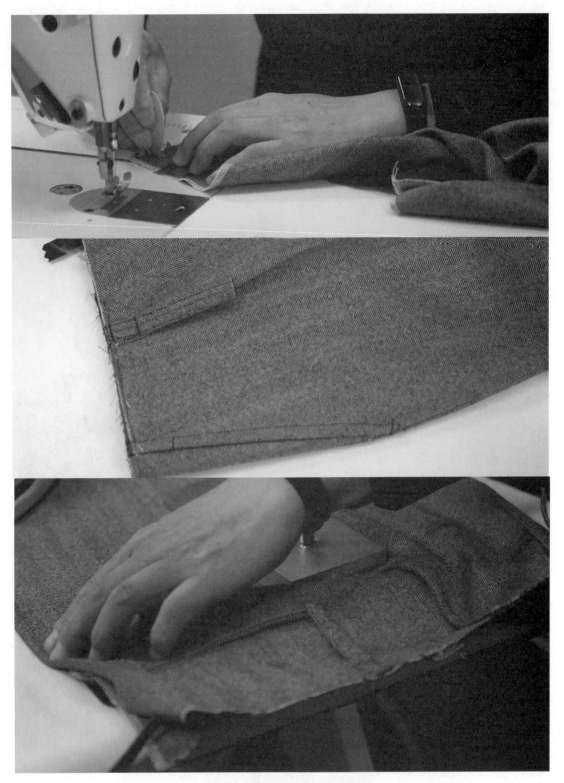

图20-5 确定裤襻位置

3.2 装门里襟、拉链及装腰

（1）加门襟：门襟与左前裆缝正面相对缝合，用缝0.8cm。翻起门襟，使门襟正面朝上，用缝倒向门襟，沿门襟边缘压0.1cm止口。

图20-6 加门襟

（2）做里襟、里襟与拉链缝合：里襟面在下，夹里在上，按里襟样板划线，留出与腰口的拼接缝，将里襟面与夹里缝合。将里襟熨烫平整，里襟面与拉链缝合。

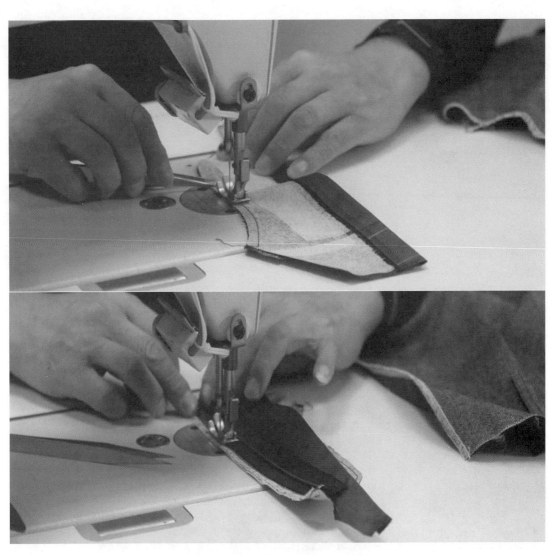

图20-7 做里襟、里襟与拉链缝合

（3）装里襟：里襟与前裆缝合，用缝1cm。

图20-8 装里襟

（4）十字口对齐：距离十字口7～8cm处开始起针，用缝0.9cm，缝至后裆臀围处。双线加固。

图20-9 十字口对齐

（5）装腰：门襟的左裤片接门襟的左腰头；里襟的右裤片接里襟的右腰头。

装左腰头：从门襟开始起针，腰衬与门襟对齐，装腰距离腰衬0.1cm开始缉线；侧缝与定位对齐；后裆缝与后腰对齐。

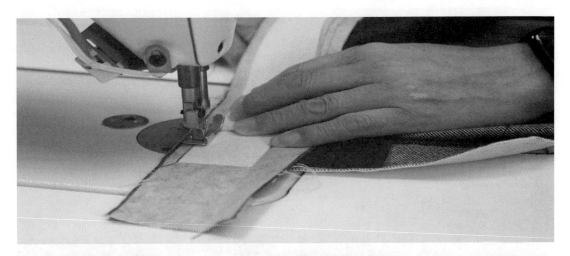

图20-10 装左腰头

（6）兜缉门襟、手工定针：门襟与裤片正面相对，沿腰宽兜缉门襟，毛边扣转折光。翻转门襟，用手缝针固定。

图20-11 兜缉门襟、手工定针

（7）装右腰头：后腰与后裆缝对齐开始起针，缉线离开腰衬0.1cm。

图20-12 装右腰头

（8）缝合腰面与里襟：腰面与里襟缝合，翻转整理里襟止口，手缝针固定。

图20-13 缝合腰面与里襟

3.3 装四件扣及合缝

（1）距离门襟止口1cm，腰头中心处定位，安装门襟裤钩。与里襟平齐，腰头中心处定位，安装裤襻。左右位置正确，高低一致，安装牢固。

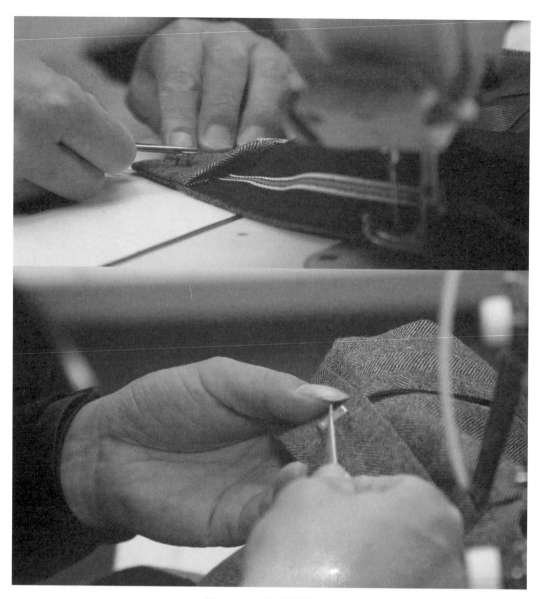

图20-14 装门襟裤钩

（2）缝合后裆缝：从臀围处的线迹交叉3cm开始起针，用缝1cm，腰口处根据样板用缝2cm，直线缝合，并且双线固定。

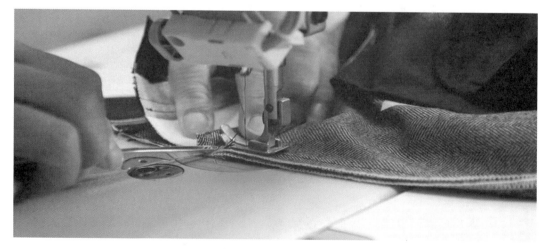

图20-15 缝合后裆缝

（3）后裆缝烫开缝：将后裆缝烫分开缝。

图20-16　后裆缝烫开缝

（4）里襟面缉线0.1cm，将里襟夹里缉牢固。

图20-17　缉里襟夹里

（5）拉链与门襟缝合：起针时门襟缉线与里襟缉线上下对齐，中间处交叉0.3cm，腰口处交叉0.5cm。

图20-18 缝合拉链与门襟

（6）钉裤襻：裤襻折至腰口平齐，折缝0.5cm，距离腰口0.3～0.5cm，来回缉三道线封口。还可以采用来去缝封口，裤襻一边折光，一边毛出。

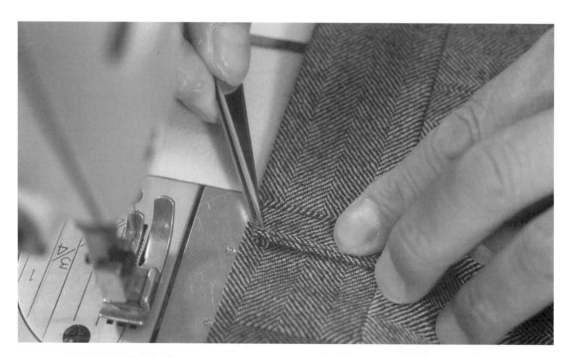

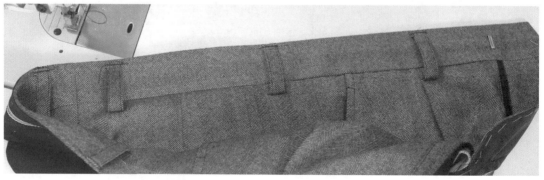

图20-19 钉裤襻

4. 评价与分析

表20-1 活动过程评价表

序号	评价要点	配分	自评	互评	师评	总评
1	穿戴整齐，着装符合要求	10				A□（86~100分）
2	能做好合裆缝、装门里襟拉链、装腰的准备工作	10				
3	能掌握分析合裆缝、装门里襟拉链、装腰的工艺要求	10				
4	能会正确缝合裆缝	10				B□（76~85分）
5	能会正确装门里襟拉链	15				C□（60~75分）
6	能会正确装腰	15				
7	同学之间能相互合作	10				D□（60分以下）
8	能严格遵守作息时间	10				
9	能及时完成老师布置的任务	10				
小结建议						

学习活动二十一　缝三角针、锁眼、钉扣、整烫

1. 学习目标

● 能解读男西裤后整理工艺流程

● 能掌握锁眼、钉扣、整烫的工艺要求

● 能掌握锁眼、钉扣、整烫工艺操作方法

2. 学习准备

男西裤样裤、各部件教具、安全操作规程、学习材料、制作工具

3. 学习过程

● 男西裤后整理工艺流程

● 三角针—锁眼—钉扣—整烫

3.1　手缝针固定

（1）手缝针固定腰面和腰里：确保腰面宽度，腰里平服。沿装腰线固定腰里，再将腰里的内缝与裤腰用手缝针固定。

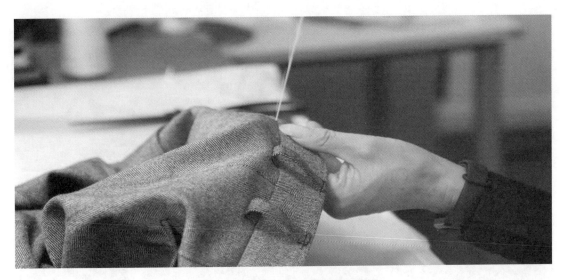

图21-1 手缝针固定腰面和腰里

（2）固定腰里：腰里与前后袋布需要手缝针固定。先确定位置，再用滴针固定。

图21-2 固定腰里

（3）固定门襟、压门襟线、门里襟合绱固定：首先将门襟与裤片手缝针固定，再按门襟样板划线，按划线绱门襟线。最后将门里襟合绱固定。裆下的余量与分开缝0.1cm绱牢。

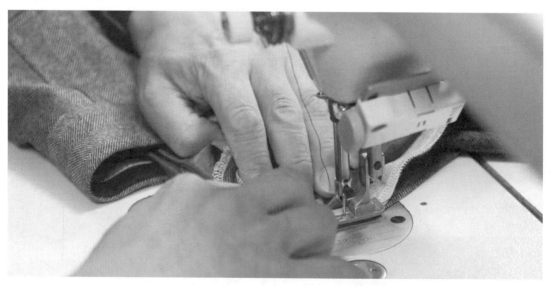

图21-3 固定门襟、压门襟线、门里襟合绱固定

3.2 后整理(拆除定线，局部熨烫)

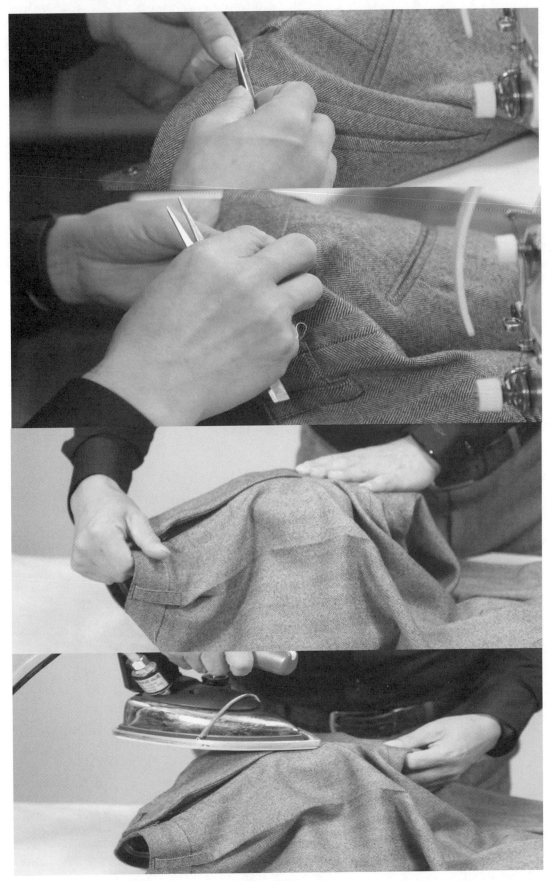

图21-4 后整理

3.3 撬三角针（裤口手缝针撬三角针固定，3厘米5～6针，裤片正面不得有针花）

图21-5 撬三角针

3.4 成品男西裤正、侧、背面图

图21-6 成品男西裤正、侧、背面图

4. 评价与分析

表21-1 活动过程评价表

序号	评价要点	配分	自评	互评	师评	总评
1	穿戴整齐,着装符合要求	10				
2	能做好做锁眼、钉扣、整烫的准备工作	10				A□（86～100分）
3	能会正确缲缝三角针、锁眼、钉扣	20				
4	能会正确整烫	20				B□（76～85分）
5	能掌握锁眼、钉扣、整烫的工艺要求	10				C□（60～75分）
6	同学之间能相互合作	10				
7	能严格遵守作息时间	10				D□（60分以下）
8	能及时完成老师布置的任务	10				
小结建议						

学习活动二十二　男西裤质量检查

1. 学习目标

- 能解读男西裤的质量评分表
- 能检查自己制作的裤子存在的问题
- 能找到解决男西裤工艺问题的办法

2. 学习准备

男西裤样裤、安全操作规程、学习材料、男西裤的质量评分表

3. 学习过程

3.1　解读男西裤的质量评分表

表22-1 男西裤质量评分表

服装设计定制工（五级）操作技能鉴定									
试题评分表									
评价要素		配分	等级	评分细则	评定等级					得分
					A	B	C	D	E	
1	成衣外观质量	20	A	成衣外表整洁，样衣规格尺寸与样板一致且与款式相符，各部位熨烫平整，缝份顺直，粘衬部位平服，缝制整烫效果好，造型饱满、美观、挺括						

146

				B	成衣外表较整洁，样衣规格尺寸与样板较一致且与款式较相符，各部位熨烫较平整，缝份较顺直，粘衬部位较平服，缝制整烫效果较好，造型较饱满、较美观					
				C	成衣外表基本整洁，样衣规格尺寸与样板基本一致且与款式基本相符，各部位熨烫基本平整，缝份基本顺直，粘衬部位基本平服，缝制整烫效果一般					
				D	成衣外表邋遢，样衣规格尺寸与样板不一致且与款式不相符，各部位熨烫不平整，有严重烫黄，缝份严重不顺直，粘衬部位不平服，缝制效果差					
				E	完全不会操作，考试不完整或中途退出；未答题，无法给出结果					
2	工艺质量	80		否决项	残破，或口袋、门里襟、裤腰任一缺装，本评价项目（工艺质量）得分为0					
			15	A	后裆缝缉双线，缉线无双轨，十字缝前后左右整齐，缉线顺直，松紧一致，各做缝熨烫平服，做缝、锁边整齐，无漏、脱、毛现象					
				B	后裆缝缉双线，有轻微双轨，十字缝前后左右较整齐，缉线较顺直，松紧较一致，各做缝熨烫较平服，做缝、锁边较整齐，略有漏、脱、毛现象					

					C	后档缝缉双线，双轨明显，十字缝前后左右基本整齐，缉线基本顺直，松紧基本一致，各做缝熨烫基本平服，做缝、锁边基本整齐，有漏、脱、毛现象						
					D	后档缝无缉双线，十字缝前后左右不整齐，缉线不顺直，松紧不一致，各做缝熨烫不平服，做缝、锁边不整齐，有严重漏、脱、毛现象						
					E	完全不会操作，考试不完整或中途退出；未答题，无法给出结果						
				35	A	腰头面、里、衬宽窄一致，松紧一致，缝迹线顺直，成型后腰头平整，裤襻长短、宽窄一致，位置正确，止口整齐、牢固，门、里襟顺直平服，拉链松紧一致，里襟无起吊						
					B	腰头面、里、衬宽窄较一致，松紧较一致，缝迹线较顺直，成型后腰头较平整，裤襻长短、宽窄较一致，位置较正确，止口较整齐、牢固，门、里襟较顺直平服，拉链松紧较一致，里襟略有起吊						
					C	腰头面、里、衬宽窄基本一致，松紧基本一致，缝迹线基本顺直，成型后腰头基本平整，裤襻长短、宽窄基本一致，位置基本正确，止口基本整齐、牢固，门、里襟基本顺直平服，拉链松紧基本一致，里襟有起吊						

148

					D	腰头面、里、衬宽窄不一致，松紧不一致，缝迹线不顺直，成型后腰头不平整，严重起皱起涟，裤襻长短、宽窄不一致，位置不正确，止口不整齐、不牢固，门、里襟不顺直平服，拉链松紧不一致，里襟起吊严重						
					E	完全不会操作，考试不完整或中途退出；未答题，无法给出结果							
				20	A	省、裆位置正确、对称、大小适宜，袋口平服，左右对称，位置合适，封口整齐牢固，嵌线宽窄一致，缉线顺直，无漏、脱、毛现象							
					B	省、裆位置较正确、较对称、大小较适宜，袋口较平服，左右较对称，位置较合适，封口较整齐牢固，嵌线宽窄较一致，缉线较顺直，略有漏、脱、毛现象							
					C	省、裆位置基本正确、基本对称、大小基本适宜，袋口基本平服，左右基本对称，位置基本合适，封口基本整齐牢固，嵌线宽窄基本一致，缉线基本顺直，有漏、脱、毛现象							

					D	省、裥位置不正确、不对称、大小不适宜，袋口不平服，左右不对称，位置不正确，封口不整齐不牢固，嵌线宽窄不一致，缉线不顺直，有严重漏、脱、毛现象						
					E	完全不会操作，考试不完整或中途退出；未答题，无法给出结果						
				10	A	脚口平服、大小一致，贴边宽窄一致，脚口贴边手工撬缝细密、平整、美观，手工部位平服整齐，牢固						
					B	脚口较平服、大小较一致，贴边宽窄较一致，脚口贴边手工撬缝较细密、平整、美观，手工部位较平服整齐，较牢固						
					C	脚口基本平服、大小基本一致，贴边宽窄基本一致，脚口贴边手工撬缝效果一般，手工部位基本平服整齐，基本牢固						
					D	脚口不平服、大小不一致，贴边宽窄不一致，脚口贴边手工撬缝粗制滥造，手工部位不平服不整齐，不牢固						
					E	完全不会操作，考试不完整或中途退出；未答题，无法给出结果						
合计配分		100		合计得分									
备注		否决项中"残破"指因操作不当造成残破0.3cm以上											

3.2 找出自己制作的男西裤存在的问题

3.3 小组讨论找到解决男西裤工艺问题的办法

4. 评价与分析

表22-2 活动过程评价表

序号	评价要点	配分	自评	互评	师评	总评
1	穿戴整齐, 着装符合要求	10				A□(86～100分) B□(76～85分) C□(60～75分) D□(60分以下)
2	能正确解读男西裤质量评分表	10				
3	能发现自己制作的男西裤存在的问题	20				
4	能找到解决男西裤存在问题的办法	30				
5	同学之间能相互合作	10				
6	能严格遵守作息时间	10				
7	能及时完成老师布置的任务	10				
小结建议						

学习活动二十三　男西裤制作巩固训练

1. 学习目标

● 能进一步加强男西裤的工艺质量意识

● 能巩固男西裤的工艺要求和工艺规范

● 能熟练掌握男西裤

　　操作方法

2. 学习准备

制作男西裤材料准备、教具、安全操作规程、学习材料

3. 学习过程（学生自主训练，教师巡视指导为主）

● 根据所领的任务进行男西裤的样板制作与裁剪

● 完成男西裤的制作，掌握其缝制要点

● 对作品进行质量检验和分析，师生共同评价

4. 评价与分析

表23-1 活动过程评价表

序号	评价要点	配分	自评	互评	师评	总评
1	穿戴整齐，着装符合要求	10				A□（86～100分） B□（76～85分） C□（60～75分） D□（60分以下）
2	能根据实物与工艺单做好做男西裤的准备工作	10				
3	能会熟练制作男西裤	40				
4	能掌握分析男西裤的工艺要求和工艺规范	10				
5	同学之间能相互合作	10				
6	能严格遵守作息时间	10				
7	能及时完成老师布置的任务	10				
小结建议						

学习活动二十四　工作总结、成果展示、经验交流

1. 学习目标

- 能正确规范撰写工作总结
- 能采用多种形式进行成果展示
- 能有效进行工作反馈与经验交流

2. 学习准备

课件（PPT）、书面总结

3. 学习过程

3.1　写出成果展示方案

3.2　写出完成本任务的工作总结

3.3　通过其他同学的展示，你从中得到了什么启发？

4. 评价与分析

表24-1 活动过程评价表

班级			姓名			学号			日期	年 月 日
序号	评价要点				配分	自评	互评	师评	得分	总评
1	穿戴整齐, 着装符合要求				5					
2	能独立完成有效的成果展示方案				15					A□（86~100分）
3	能独立完成条理清晰、针对自我的总结				20					B□（76~85分）
4	能较好地完成成果展示与交流				30					
5	能根据其他同学的展示过程发现自己的不足并加以修正				20					C□（60~75分）
6	能严格遵守作息时间				5					D□（60分以下）
7	能及时完成老师布置的任务				5					
小结建议										

5. 任务评价

表24-2 活动过程评价自评表

班级		姓名		学号		日期	年 月 日			
评价指标	评价要素					权重	等级评定			
							A	B	C	D
信息检索	能有效利用网络资源、工作手册查找有效信息					5%				
	能用自己的语言有条理地去解释、表述所学知识					5%				
	能将查找到的信息有效转换到工作中					5%				
感知工作	是否熟悉工作岗位，认同工作价值					5%				
	在工作中是否获得满足感					5%				
参与状态	与教师、同学之间是否相互尊重、理解、平等					5%				
	与教师、同学之间是否能够保持多向、丰富、适宜的信息交流					5%				
	探究学习、自主学习不流于形式，处理好合作学习和独立思考的关系，做到有效学习					5%				
	能提出有意义的问题或能发表个人见解；能按要求正确操作；能够倾听、协作、分享					5%				
	积极参与，在产品加工过程中不断学习，提高综合运用信息技术的能力					5%				
学习方法	工作计划、操作技能是否符合规范要求					5%				
	是否获得了进一步发展的能力					5%				
工作过程	遵守管理规程，操作过程符合现场管理要求					5%				
	平时上课的出勤情况和每天完成工作任务情况					5%				
	善于多角度思考问题，能主动发现并提出有价值的问题					5%				
思维状态	是否能发现问题、提出问题、分析问题、解决问题、创新问题					5%				
自评反馈	按时按质完成工作任务					5%				
	较好地掌握了专业知识点					5%				
	具有较强的信息分析能力和理解能力					5%				
	具有较为全面严谨的思维能力并能条理明晰地表述成文					5%				
自评等级										
有益的经验和做法										
总结反思建议										

等级评定：A：好　　B：较好　　C：一般　　D：有待提高

表24-3 活动过程评价互评表

班级		姓名		学号		日期	年		月	日

评价指标	评价要素	权重	等级评定			
			A	B	C	D
信息检索	能有效利用网络资源、工作手册查找有效信息	5%				
	能用自己的语言有条理地去解释、表述所学知识	5%				
	能将查找到的信息有效转换到工作中	5%				
感知工作	是否熟悉工作岗位，认同工作价值	5%				
	在工作中是否获得满足感	5%				
参与状态	与教师、同学之间是否相互尊重、理解、平等	5%				
	与教师、同学之间是否能够保持多向、丰富、适宜的信息交流	5%				
	能处理好合作学习和独立思考的关系，做到有效学习	5%				
	能提出有意义的问题或能发表个人见解；能按要求正确操作；能够倾听、协作、分享	5%				
	积极参与，在产品加工过程中不断学习，提高综合运用信息技术的能力	5%				
学习方法	工作计划、操作技能是否符合规范要求	10%				
	是否获得了进一步发展的能力	5%				
工作过程	是否遵守管理规程，操作过程符合现场管理要求	5%				
	平时上课的出勤情况和每天完成工作任务情况	5%				
	是否善于多角度思考问题，能主动发现并提出有价值的问题	5%				
思维状态	是否能发现问题、提出问题、分析问题、解决问题、创新问题	10%				
自评反馈	能严肃认真地对待自评	10%				
互评等级						
简要评述						

等级评定：A：好　　B：较好　　C：一般　　D：有待提高

表24-4 任务总评表

序号	学习活动	评价内容及方法									
		活动过程（70%）				学生互评（10%）		劳动纪律（10%）		安全文明生产（10%）	
		评价依据	得分	权重	得分	评价方法	得分	评价方法	得分	评价标准	得分
结构制图	学习活动1	工作页				以小组互评及学生互评为主		以出勤及工作中实际表现为主		违反操作规程每次扣1~2分，严重违反并造成人身及设备安全损失的可认定本任务不合格	
	学习活动2	工作页									
	学习活动3	工作页									
	学习活动4	工作页									
	学习活动5	工作页									
	学习活动6	工作页									
样板与裁剪	学习活动1	工作页									
	学习活动2	工作页									
	学习活动3	工作页									
	学习活动4	工作页									
	学习活动5	工作页									
男西裤的工艺制作	学习活动1	工作页									
	学习活动2	工作页									
	学习活动3	工作页									
	学习活动4	工作页									
	学习活动5	工作页									
	学习活动6	工作页									
	学习活动7	工作页									
	学习活动8	工作页									
	学习活动9	工作页									
	学习活动10	工作页									
得分											
合计											

表24-5 活动过程教师评价表

班级			姓名		学号		权重	评价
知识策略	知识吸收	能设法记住要学习的内容						
		能够使用多样性手段，通过网络、技术手册等收集到较多有效信息						
	知识构建	自觉寻求不同工作任务之间的内在联系						
	知识应用	将学习到的东西应用到实际问题中						
工作策略	兴趣取向	对课程本身感兴趣，熟悉自己的工作岗位，认同工作价值						
	成就取向	学习的目的是获得高水平的成绩						
	批判性思考	谈到或听到一个推论或结论时，会考虑到其他可能的答案						
策略管理	自我管理	若不能很好地理解学习内容，会设法找到与该任务相关的其他资讯						
	过程管理	正确回答材料中或教师提出的问题						
		能根据提供的材料、工作页和教师指导进行有效学习						
		针对工作任务，能反复查找资料并研讨，编制有效的工作计划						
		在工作过程中留有研讨记录						
		团队合作中，主动承担完成任务						
	时间管理	有效组织学习时间和按时按质完成工作任务						
	结果管理	在学习过程中有满足、成功与喜悦等体验，对后续学习更有信心						
		根据研讨内容，对讨论知识、步骤、方法进行合理的修改和应用						
		课后能积极有效地进行学习过程的自我反思，总结自身的长短之处						
		规范撰写工作小结，能进行经验交流与工作反馈						
过程状态	交往状态	与教师、同学之间交流语言得体，彬彬有礼						
		与教师、同学之间保持多向、丰富、适宜的信息交流与合作						
	思维状态	能用自己的语言有条理地去解释、表述所学的知识						
		善于多角度思考问题，能主动提出有价值的问题						
	情绪状态	能自我调控好学习情绪，随着教学进程或解决问题的全过程而产生不同的情绪变化						
	生成状态	能总结当堂学习所得，或提出深层次的问题						
	组内合作过程	分工及任务目标明确，并能积极组织或参与小组工作						
		积极参与小组讨论并能充分地表达自己的思想或意见						
	组际合作过程	能采取多种形式，展示本小组的工作成果，并进行交流反馈						
		对其他组学生所提出的疑问能作出积极有效的解释						
		认真听取其他组的汇报发言，并能大胆质疑、提出不同意见或更深层次的问题						
	工作总结	规范撰写工作总结						
总评等级								
建议								

评定人：（签名）　　　　年　　　月　　　日

等级评定：A：好　　　　　　　B：较好　　　C：一般　　　D：有待提高

6.制作评价

6.1 展示评价

把个人制作好的服装成品先进行分组展示，再由小组推荐代表作必要的介绍。在展示的过程中，以组为单位进行评价；评价完成后，根据其他组成员对本组展示成果的评价意见进行归纳总结。主要评价项目如下：

（1）展示的产品是否符合技术标准？

合格　　　　　　　不良　　　　　　返修　　　　　报废

（2）与其他组相比，本小组的产品工艺是否合理？

工艺优化　　　　工艺合理　　　　　工艺一般

（3）本小组介绍成果时，表达是否清晰合理？

很好　　　　　一般，常补充　　　　不清晰

（4）本小组展示产品的陈列效果，是否符合服装产品的陈列规则？

符合　　　　　　部分符合　　　　　不符合

（5）本小组成员的团队合作创新精神如何？

良好　　　　　　一般　　　　　　不足

（6）总结这次任务，本组是否达到学习目标？你给予本组的评分是多少？对本组的建议是什么？

6.2 教师对展示的作品分别作评价

（1）针对展示过程中各组的优点进行点评
（2）针对展示过程中各组的缺点进行点评，提出改进方法
（3）总结整个任务完成中出现的亮点和不足

6.3 综合评价

指导教师：（签名）　　　　　　　　　　　　　年　　月　　日

学习活动二十五　男工装裤接受制作任务、制定工作计划

1. 学习目标

- 能独立查阅相关资料确定材料准备周期
- 能确定工时，并制定出合理的工作计划进度表

2. 学习准备

男工装裤实物、工艺单、教具、安全操作规程、学习材料

3. 学习过程

- 查阅相关资料，了解确定工时应考虑哪些因素
- 查阅相关资料，了解材料准备周期的概念及其影响因素
- 查阅相关资料，了解男工装裤纸样制作与修正的概念及其要领
- 分析工艺单款式图和男工装裤实物，小组讨论完成本任务工作安排

表25-1 小组工作安排任务表

时间		主题	男工装裤纸样制作、修正与裁剪
主持人		成员	
讨论过程			
结论			

● 根据小组讨论结果，制定最适合自己的工作计划

表25-2 小组工作计划表

序号	开始时间	结束时间	工作内容	工作要求	备注

3.1 查阅相关资料，了解工艺单的形式与作用

3.2 男工装裤规格设计

查阅相关资料，进行男工装裤系列规格设计，并填入下表内。

表25-3 男工装裤规格设计

部位	裤长	腰围	臀围	上裆	中裆	脚口	腰宽
S							
M							
L							
XL							

3.3 根据实物确定男工装裤样板的放缝量要求

3.4 确定男工装裤面辅料

根据实物确定男工装裤面料、辅料，将面辅料小样贴入表内，并写好性能说明。

表25-4 面辅料说明

面辅料小样	面辅料性能说明

3.5 根据实物写出男工装裤面料部件及裁片数量

表25-5 面料部件及裁片数量

面料部件及裁片数量说明

3.6 根据实物说明裁剪要求

表25-6 裁剪说明

裁剪要求说明

4. 评价与分析

表25-7 活动过程评价表

班级		姓名		学号		日期			年　月　日	
序号	评价要点				配分	自评	互评	师评	总评	
1	穿戴整齐,着装符合要求				10					
2	在工艺单内写出系列规格尺寸				15				A□(86～100分)	
3	在工艺单内粘贴面辅料小样				10					
4	在工艺单内填写辅料的说明				15				B□(76～85分)	
5	在工艺单内填写部件与零部件的数量				15					
6	在工艺单内填写裁剪要求说明				15				C□(60～75分)	
7	同学之间能相互合作				10				D□(60分以下)	
8	能严格遵守作息时间				5					
9	能及时完成老师布置的任务				5					
小结建议										

学习活动二十六　男工装裤款式、规格设计与裁片

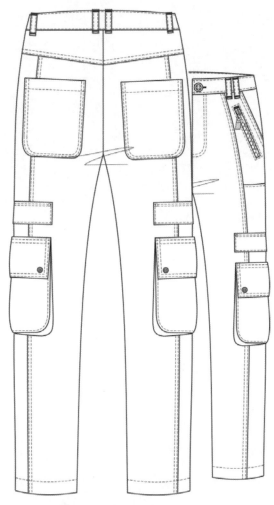

图26-1 男工装裤款式图

1. 款式图：如图26-1所示。

2. 款式概述：6片式工装裤，压双止口，弧线裤腰压单止口、8根裤襻，前门襟装拉链，侧缝装斜插贴袋、有装饰拉链，膝盖处靠侧缝装有立体袋加袋盖，后裤片断育克，装2个后贴袋，裤口卷边压单止口。

3. 男工装裤规格设计

表26-1 男工装裤规格设计 　　　　　　单位：cm

部位	裤长	腰围	臀围	上裆	中裆	脚口	腰宽
S							
M							
L							
XL							

4.主要部件：前片×2，侧片×2，后片×2，育克×2。

图26-2 男工装裤主要部件

5.主要零部件：立体袋布×2，袋布侧片×2，袋盖×4，前斜插袋布×2，装饰袋贴×4，后袋布×2，门襟×1，里襟×1，腰面，里×4。

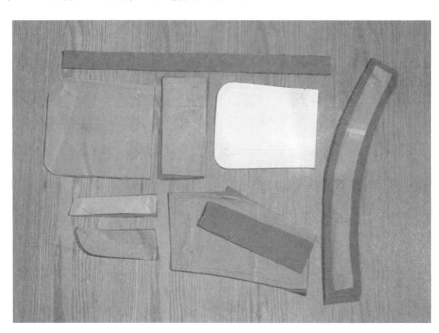

图26-3 男工装裤主要零部件

学习活动二十七　男工装裤缝制工艺

1.粘衬：立体袋布×2，袋盖×4，前斜插袋布×2，后袋布×2，门襟×1，里襟×1，腰面，里×4。

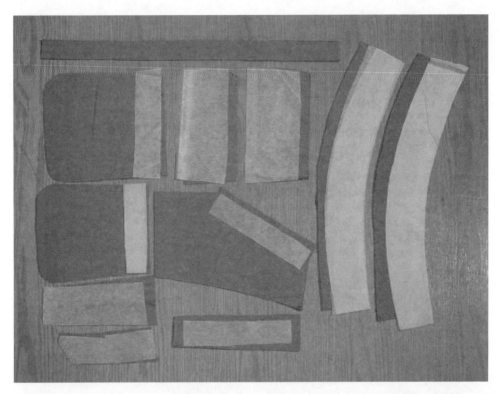

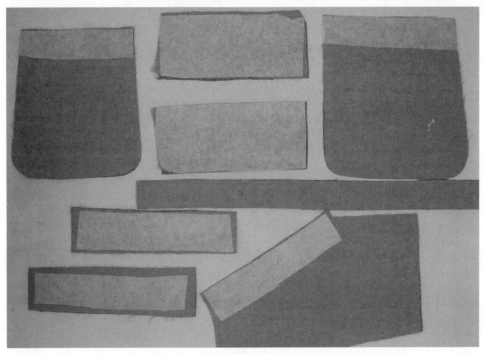

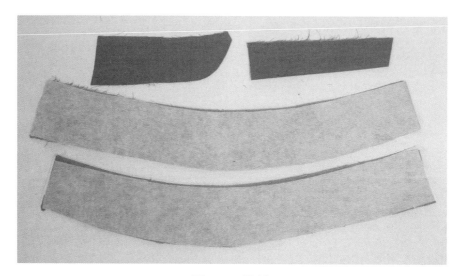

图27-1 粘衬

2.扣烫袋口：立体袋，斜插袋，后袋。

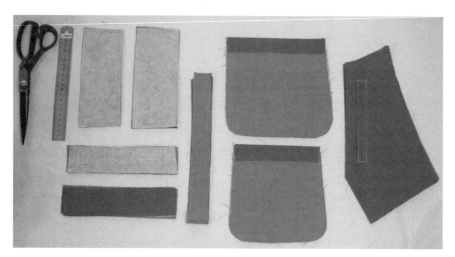

图27-2 扣烫袋口

3.画出斜袋上装饰袋位置，画立体袋盖净线。

图27-3 画装饰袋位置

4.拷边：立体袋口，装饰袋垫，斜袋口，后袋口，门里襟。

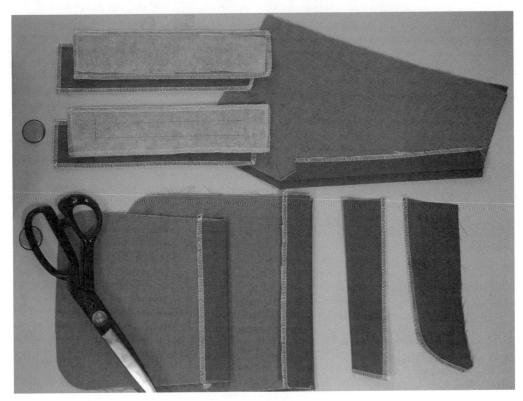

图27-4 拷边

5.缝制立体袋盖，翻转袋盖。

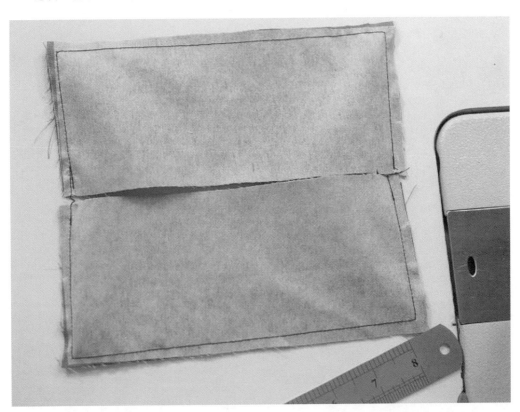

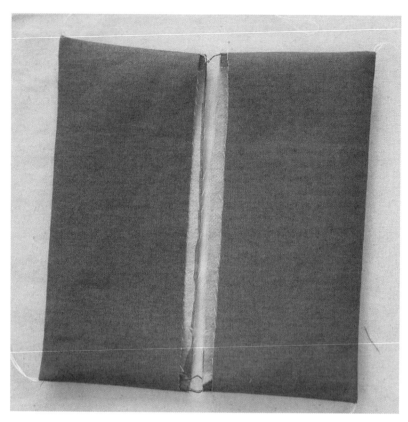

图27-5 缝制立体袋盖

6.缝斜插装饰袋：袋垫与装饰袋位正面相对，四周缝合。

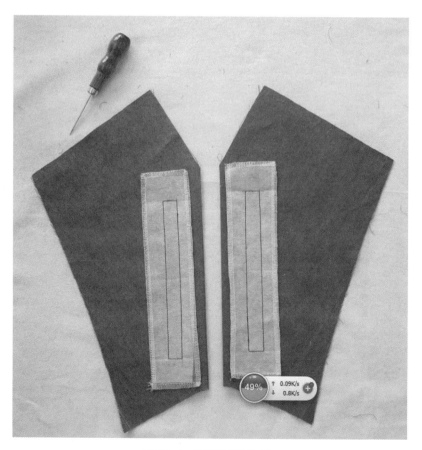

图27-6 缝斜插装饰袋

7.后袋口,立体袋口压贴边止口。

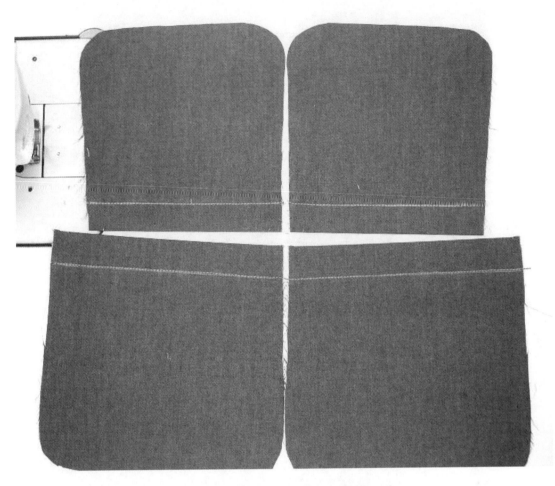

图27-7 后袋口,立体袋口压贴边止口

8.兜缉立体袋侧片:用缝0.5cm,缝合时侧片放上面缝制。

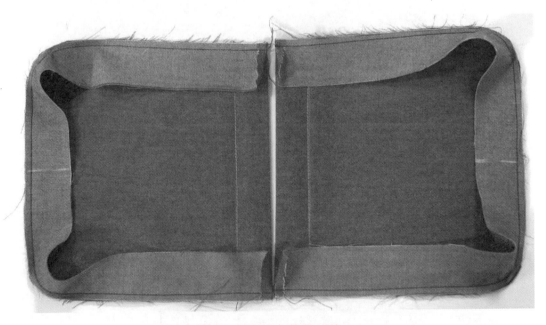

图27-8 兜缉立体袋侧片

169

9. 扣烫侧边用缝：侧片用缝0.5cm，朝反面扣烫。

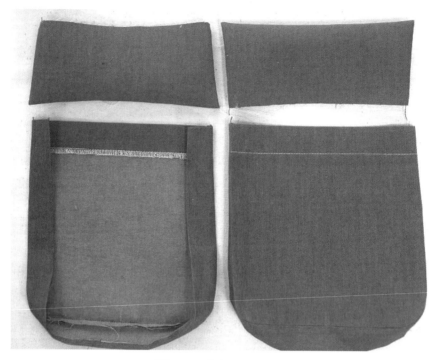

图27-9 扣烫侧边用缝

10. 做装饰袋口：沿袋口中心剪开，两头剪成Y型三角，刀口到位，不要过头剪断线迹；将贴袋翻到袋布反面，烫四周止口，不得吐止口。

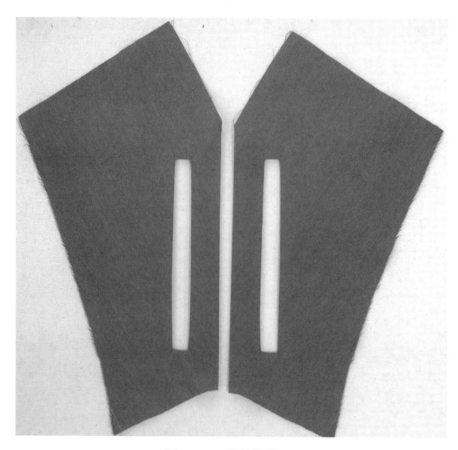

图27-10 做装饰袋口

11. 后袋：袋底圆角手工收皱，根据净样板扣烫三边，用缝1cm以内。

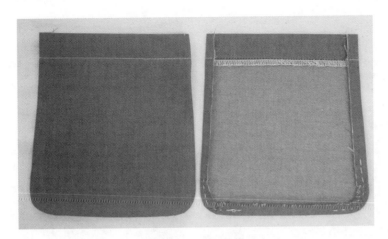

图27-11 做后袋

12. 裤襻：4cm宽度的裤襻，两边扣烫0.7cm，再对折成1.2～1.3cm宽的裤襻。

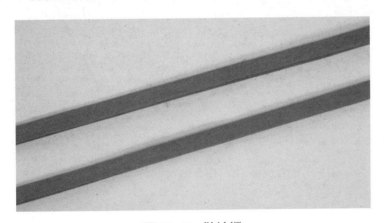

图27-12 做裤襻

13. 斜贴袋装饰拉链：将拉链用大头针固定在装饰袋位上，左右对称，拉链牙齿居中。

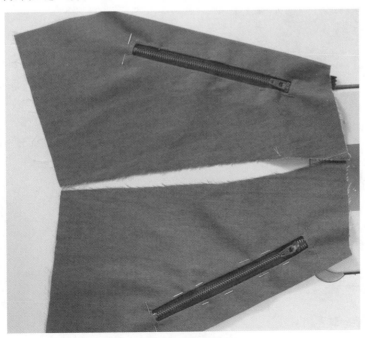

图27-13 固定斜贴袋装饰拉链

14.压裤襻、立体袋、袋盖止口：裤襻两边压0.1cm止口，压立体袋与侧片拼缝处止口，压袋盖三边止口。

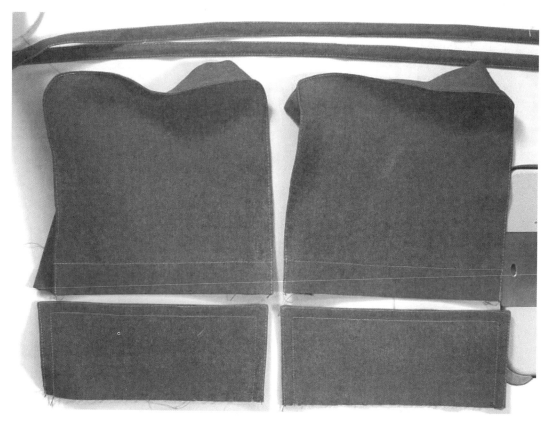

图27-14 压裤襻、立体袋、袋盖止口

15.斜贴袋：拉链反面垫布放平，沿装饰袋口四周缉0.1cm止口，压斜贴袋口双止口，斜贴袋用大头针固定在中片的袋位上，压袋底双止口。

图27-15 固定斜贴袋

16.缝合侧片和前片：先车缝固定袋上口与腰口、袋侧缝，再缝合前片和侧片的侧缝。

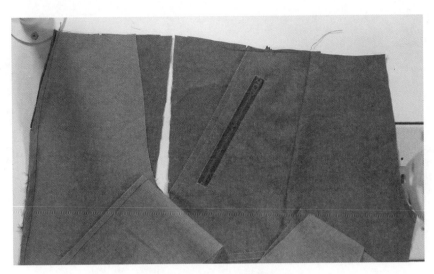

图27-16 缝合侧片和前片

17.缝合后片和育克：育克正面朝上放底层，裤片正面朝下与育克正面相对，育克里正面朝下放最上层，用缝1cm进行缝合。

图27-17 缝合后片和育克

18. 裤腰：先拼接腰面、腰里后中心；再将腰面、腰里的上口缝合，腰里在上，用缝0.7cm；再在腰里压0.1cm暗线。

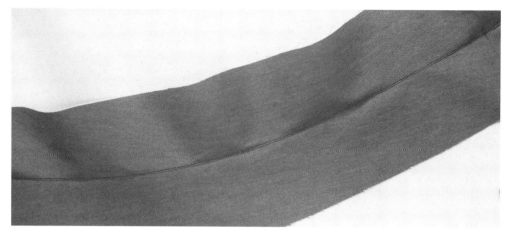

图27-18 装裤腰

19. 扣烫裤腰：按腰宽4cm，扣烫腰面；再将腰里扣烫包住腰面。

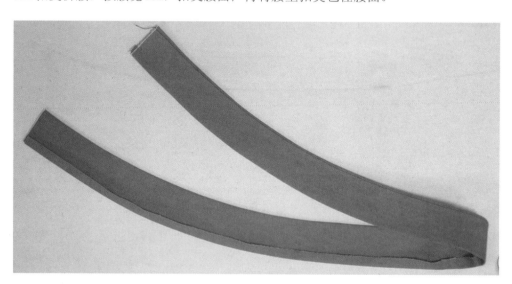

图27-19 扣烫裤腰

20. 育克：将育克和后片烫平整，臀部呈立体感；在育克上压双止口。

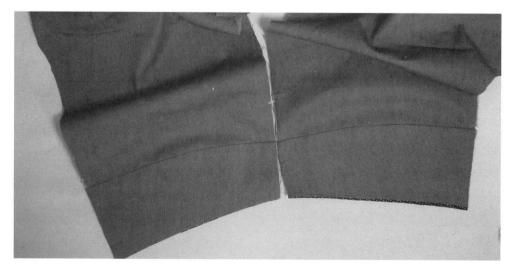

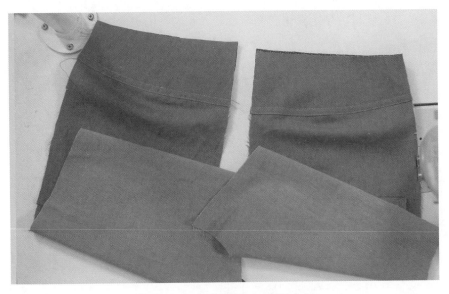

图27-20 育克烫平、压双止口

21.前片和侧片：前片在上，将拼缝反面拷边；用缝朝前片倒；把用缝熨烫平整；在正面的前片上压双止口。

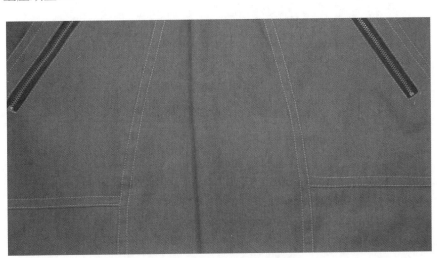

图27-21 前片和侧片处理

22.缝合后片与侧片：后片与侧片正面相对缝合，用缝1cm。

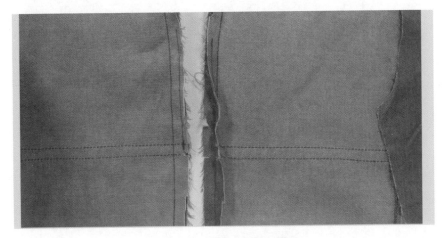

图27-22 缝合后片与侧片

23.侧片和后片拼缝、确定立体袋位、后袋位：先将拼缝拷边，将用缝往后片倒，把用缝烫平整；再按纸样确定立体袋位，袋盖位和后袋位。

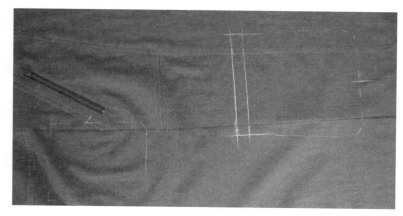

图27-23 侧片和后片拼缝、确定立体袋位、后袋位

24.压侧缝止口、装立体袋：压后片和侧片拼缝双止口；根据袋位安装立体袋。

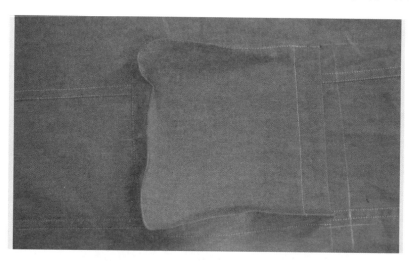

图27-24 压侧缝止口、装立体袋

25.装立体袋盖：在立体袋盖位置安装袋盖，压双止口。

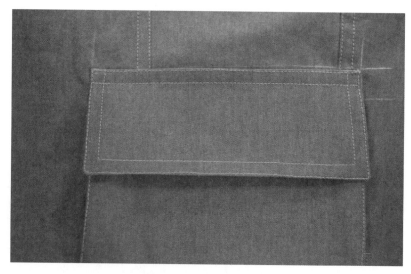

图27-25 装立体袋盖

26. 装后袋：根据后袋位置安装后袋，三面压双止口。

图27-26 装后袋

27. 装门里襟：先将门襟与左前片的裆缝正面相对，用缝1cm；翻开门襟在前裆正面压0.1cm止口；再将拉链缝在里襟上；将里襟与右前裆缝合，压0.1cm止口。

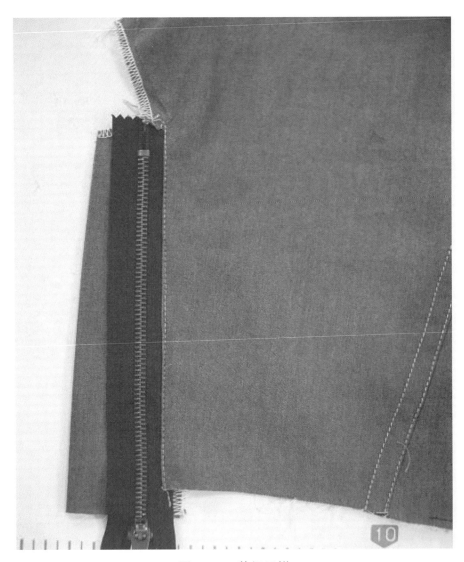

图27-27 装门里襟

28.门里襟缝合：压门襟双止口，缝合门襟下端裆缝，压双止口。

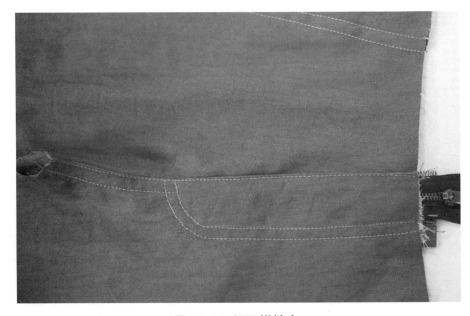

图27-28 门里襟缝合

29. 缝合后裆缝、内裆缝：缝合后裆缝后拷边用缝倒向左片，并在正面压双止口；再缝合内裆缝，十字口百分百对齐；将内档缝拷边，用缝烫平整。

图27-29 缝合后裆缝、内裆缝

30. 压内裆缝止口：沿裆缝在裆缝外1cm处缉线。

图27-30 压内裆缝止口

31. 安装裤襻：在腰线上距前片2cm处安装第一根裤襻，第二根距离1cm；第四、五根在后裆中心，间距1cm；第三根在第二、四根的中间。

图27-31 安装裤襻

32.安装裤腰：腰里正面与裤片反面相对，门襟与腰里对齐，按用缝缉线。翻转腰面盖住第一道线，沿腰面缉0.1cm止口。

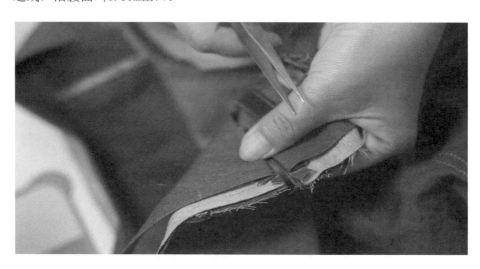

图27-32 安装裤腰

33.裤襻封口：裤襻折向腰口，折光与腰口平齐后下降0.3cm，来回缉三道线封口，裤襻顺直。

图27-33 裤襻封口

34.裤口卷边：裤口用缝1cm，贴边2cm折光，压0.1cm止口。

图27-34 裤口卷边

35.熨烫：将裤子各部位熨烫平服。

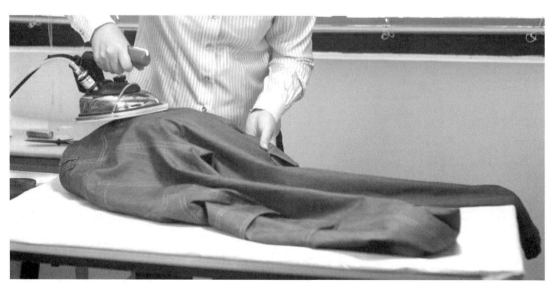

图27-35 熨烫

36.锁眼、钉扣：在门襟的裤腰面中心定眼位，距离腰口1.5cm，圆头眼大2cm。

图27-36 锁眼、钉扣

37.成品局部：腰部，门襟，裤襻，锁眼，钮扣，斜贴袋，装饰袋，立体袋，后袋，后腰，育克，后裆缝。

图27-37 男工装裤成品局部

学习活动二十八　男工装裤成品评价

1. 学习目标

- 能正确规范撰写工作总结
- 能采用多种形式进行成果展示
- 能有效进行工作反馈与经验交流

2. 学习准备

课件（PPT）、书面总结

3. 学习过程

3.1　写出成果展示方案

3.2　写出完成本任务的工作总结

3.3 通过其他同学的展示，你从中得到了什么启发？

4. 评价与分析

表28-1 活动过程评价表

班级		姓名		学号		日期	年　月　日
序号	评价要点		配分	自评	互评	师评	得分	总评
1	穿戴整齐,着装符合要求	5					
2	能独立完成有效的成果展示方案	15					A□(86～100分)
3	能独立完成条理清晰、针对自我的总结	20					
4	能较好地完成成果展示与交流	30					B□(76～85分)
5	能根据其他同学的展示过程发现自己的不足并加以修正	20					C□(60～75分)
6	能严格遵守作息时间	5					D□(60分以下)
7	能及时完成老师布置的任务	5					
小结建议							

5. 任务评价

表28-2 活动过程评价自评表

班级		姓名		学号		日期	年		月	日
评价指标	评价要素					权重	等级评定			
							A	B	C	D
信息检索	能有效利用网络资源、工作手册查找有效信息					5%				
	能用自己的语言有条理地去解释、表述所学知识					5%				
	能将查找到的信息有效转换到工作中					5%				
感知工作	是否熟悉工作岗位，认同工作价值					5%				
	在工作中是否获得满足感					5%				
参与状态	与教师、同学之间是否相互尊重、理解、平等					5%				
	与教师、同学之间是否能够保持多向、丰富、适宜的信息交流					5%				
	探究学习、自主学习不流于形式，处理好合作学习和独立思考的关系，做到有效学习					5%				
	能提出有意义的问题或能发表个人见解；能按要求正确操作；能够倾听、协作、分享					5%				
	积极参与，在产品加工过程中不断学习，提高综合运用信息技术的能力					5%				
学习方法	工作计划、操作技能是否符合规范要求					5%				
	是否获得了进一步发展的能力					5%				
工作过程	遵守管理规程，操作过程符合现场管理要求					5%				
	平时上课的出勤情况和每天完成工作任务情况					5%				
	善于多角度思考问题，能主动发现并提出有价值的问题					5%				
思维状态	是否能发现问题、提出问题、分析问题、解决问题、创新问题					5%				
自评反馈	按时按质完成工作任务					5%				
	较好地掌握了专业知识点					5%				
	具有较强的信息分析能力和理解能力					5%				
	具有较为全面严谨的思维能力并能条理明晰地表述成文					5%				
自评等级										
有益的经验和做法										
总结反思建议										

等级评定：A：好　　　B：较好　　　C：一般　　　D：有待提高

表28-3 活动过程评价互评表

班级		姓名		学号		日期	年		月	日

评价指标	评价要素		权重	等级评定			
				A	B	C	D
信息检索	能有效利用网络资源、工作手册查找有效信息		5%				
	能用自己的语言有条理地去解释、表述所学知识		5%				
	能将查找到的信息有效转换到工作中		5%				
感知工作	是否熟悉工作岗位，认同工作价值		5%				
	在工作中是否获得满足感		5%				
参与状态	与教师、同学之间是否相互尊重、理解、平等		5%				
	与教师、同学之间是否能够保持多向、丰富、适宜的信息交流		5%				
	能处理好合作学习和独立思考的关系，做到有效学习		5%				
	能提出有意义的问题或能发表个人见解；能按要求正确操作；能够倾听、协作、分享		5%				
	积极参与，在产品加工过程中不断学习，提高综合运用信息技术的能力		5%				
学习方法	工作计划、操作技能是否符合规范要求		10%				
	是否获得了进一步发展的能力		5%				
工作过程	是否遵守管理规程，操作过程符合现场管理要求		5%				
	平时上课的出勤情况和每天完成工作任务情况		5%				
	是否善于多角度思考问题，能主动发现并提出有价值的问题		5%				
思维状态	是否能发现问题、提出问题、分析问题、解决问题、创新问题		10%				
自评反馈	能严肃认真地对待自评		10%				
互评等级							
简要评述							

等级评定：A：好　　　B：较好　　　C：一般　　　D：有待提高

188

表28-4 任务总评表

序号	学习活动	评价内容及方法									
		活动过程（70%）				学生互评（10%）		劳动纪律（10%）		安全文明生产（10%）	
		评价依据	得分	权重	得分	评价方法	得分	评价方法	得分	评价标准	得分
结构制图	学习活动1	工作页				以小组互评及学生互评为主		以出勤及工作中实际表现为主		违反操作规程每次扣1～2分，严重违反并造成人身及设备安全损失的可认定本任务不合格	
	学习活动2	工作页									
	学习活动3	工作页									
	学习活动4	工作页									
	学习活动5	工作页									
	学习活动6	工作页									
样板与裁剪	学习活动1	工作页									
	学习活动2	工作页									
	学习活动3	工作页									
	学习活动4	工作页									
	学习活动5	工作页									
男工装裤的工艺制作	学习活动1	工作页									
	学习活动2	工作页									
	学习活动3	工作页									
	学习活动4	工作页									
	学习活动5	工作页									
	学习活动6	工作页									
	学习活动7	工作页									
	学习活动8	工作页									
	学习活动9	工作页									
	学习活动10	工作页									
得分											
合计											

表28-5 活动过程教师评价表

班级			姓名		学号		权重	评价
知识策略	知识吸收	能设法记住要学习的内容						
		使用能够多样性手段，通过网络、技术手册等收集到较多有效信息						
	知识构建	自觉寻求不同工作任务之间的内在联系						
	知识应用	将学习到的东西应用到解决实际问题中						
工作策略	兴趣取向	对课程本身感兴趣，熟悉自己的工作岗位，认同工作价值						
	成就取向	学习的目的是获得高水平的成绩						
	批判性思考	谈到或听到一个推论或结论时，会考虑到其他可能的答案						
策略管理	自我管理	若不能很好地理解学习内容，会设法找到与该任务相关的其他资讯						
	过程管理	正确回答材料中或教师提出的问题						
		能根据提供的材料、工作页和教师指导进行有效学习						
		针对工作任务，能反复查找资料并研讨，编制有效的工作计划						
		在工作过程中留有研讨记录						
		团队合作中，主动承担完成任务						
	时间管理	有效组织学习时间和按时按质完成工作任务						
	结果管理	在学习过程中有满足、成功与喜悦等体验，对后续学习更有信心						
		根据研讨内容，对讨论知识、步骤、方法进行合理的修改和应用						
		课后能积极有效地进行学习过程的自我反思，总结自身的长短之处						
		规范撰写工作小结，能进行经验交流与工作反馈						
过程状态	交往状态	与教师、同学之间交流语言得体，彬彬有礼						
		与教师、同学之间保持多向、丰富、适宜的信息交流与合作						
	思维状态	能用自己的语言有条理地去解释、表述所学的知识						
		善于多角度思考问题，能主动提出有价值的问题						
	情绪状态	能自我调控好学习情绪，随着教学进程或解决问题的全过程而产生不同的情绪变化						
	生成状态	能总结当堂学习所得，或提出深层次的问题						
	组内合作过程	分工及任务目标明确，并能积极组织或参与小组工作						
		积极参与小组讨论并能充分地表达自己的思想或意见						
	组际合作过程	能采取多种形式，展示本小组的工作成果，并进行交流反馈						
		对其他组学生所提出的疑问能作出积极有效的解释						
		认真听取其他组的汇报发言，并能大胆质疑、提出不同意见或更深层次的问题						
	工作总结	规范撰写工作总结						
总评等级								
建议								

评定人：（签名）　　　　年　　月　　日

等级评定：A：好　　　　　　　B：较好　　　C：一般　　　D：有待提高

6. 制作评价

6.1 展示评价

把个人制作好的服装成品先进行分组展示，再由小组推荐代表作必要的介绍。在展示的过程中，以组为单位进行评价；评价完成后，根据其他组成员对本组展示成果的评价意见进行归纳总结。主要评价项目如下：

（1）展示的产品是否符合技术标准？

合格　　　　　　　不良　　　　　　返修　　　　　报废

（2）与其他组相比，本小组的产品工艺是否合理？

工艺优化　　　　工艺合理　　　　工艺一般

（3）本小组介绍成果时，表达是否清晰合理？

很好　　　　　一般，常补充　　　　不清晰

（4）本小组展示产品的陈列效果，是否符合服装产品的陈列规则？

符合　　　　　　部分符合　　　　　不符合

（5）本小组成员的团队合作创新精神如何？

良好　　　　　　一般　　　　　　不足

（6）总结这次任务，本组是否达到学习目标？你给予本组的评分是多少？对本组的建议是什么？

6.2 教师对展示的作品分别作评价

（1）针对展示过程中各组的优点进行点评
（2）针对展示过程中各组的缺点进行点评，提出改进方法
（3）总结整个任务完成中出现的亮点和不足

6.3 综合评价

指导教师：（签名）　　　　　　　　　　年　　月　　日